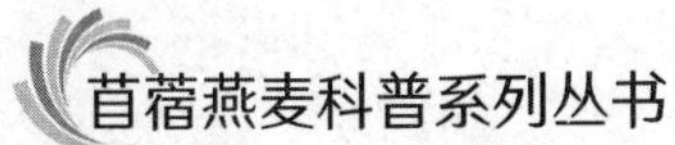

苜蓿种质篇

MUXU YANMAI KEPU XILIE CONGSHU
MUXU ZHONGZHI PIAN

全国畜牧总站　编

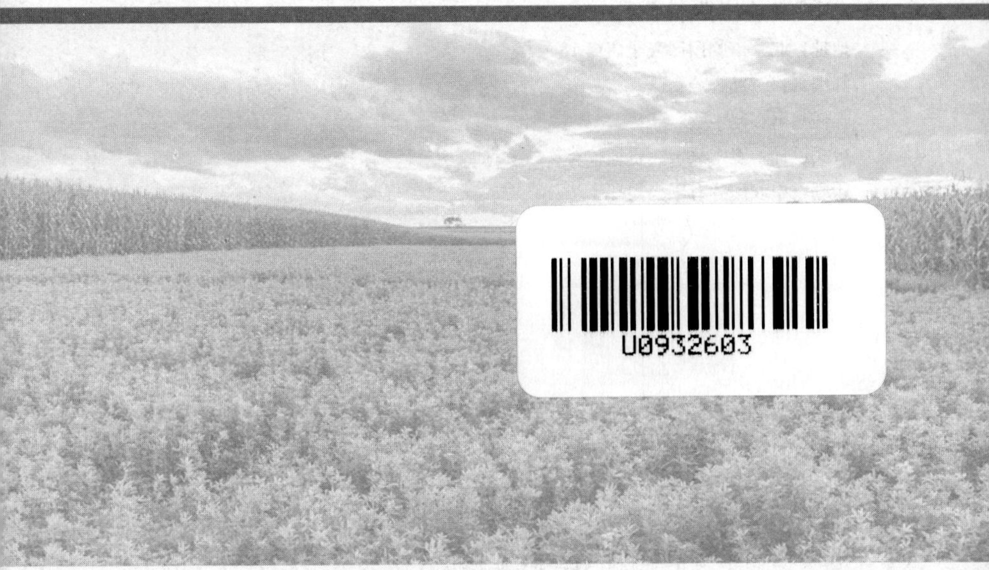

中国农业出版社
北　京

图书在版编目（CIP）数据

苜蓿燕麦科普系列丛书．苜蓿种质篇 / 贠旭江总主编；全国畜牧总站编．—北京：中国农业出版社，2020.12

ISBN 978-7-109-27470-9

Ⅰ.①苜… Ⅱ.①贠… ②全… Ⅲ.①紫花苜蓿－种质资源 Ⅳ.①S541②S512.6

中国版本图书馆 CIP 数据核字（2020）第 194954 号

中国农业出版社出版

地址：北京市朝阳区麦子店街 18 号楼

邮编：100125

责任编辑：赵　刚

版式设计：王　晨　　责任校对：沙凯霖

印刷：中农印务有限公司

版次：2020 年 12 月第 1 版

印次：2020 年 12 月北京第 1 次印刷

发行：新华书店北京发行所

开本：880mm×1230mm　1/32

印张：4

字数：91 千字

定价：30.00 元

MUXU YANMAI KEPU XILIE CONGSHU

苜蓿燕麦科普系列丛书

总 主 编：贠旭江

副总主编：李新一 陈志宏 孙洪仁 王加亭

MUXU ZHONGZHI PIAN
苜蓿种质篇

主　　编　刘　磊　王　赞
副 主 编　张铁军　王学敏　强晓晶
编写人员（按姓名笔画排序）
于林清　王　娜　王　瑜　王　赞　王建丽
王晔菲　王铁梅　孔令琪　田双喜　白健慧
师文贵　刘　磊　闫伟红　杨正楠　李　俊
李志勇　李鸿雁　武自念　罗　峻　周　仂
柳珍英　宫文龙　徐春波　黄　帆　程　晨
强晓晶
美　　编　申忠宝　王建丽　梅　雨

前言

20 世纪 80 年代初，我国就提出“立草为业”和“发展草业”，但受“以粮为纲”思想影响和资源技术等方面的制约，饲草产业长期处于缓慢发展阶段。21 世纪初，我国实施西部大开发战略，推动了饲草产业发展。特别是 2008 年“三鹿奶粉”事件后，人们对饲草产业在奶业发展中的重要性有了更加深刻的认识。2015 年中央 1 号文件明确要求大力发展草牧业，农业部出台了《全国种植业结构调整规划（2016—2020 年）》《关于促进草牧业发展的指导意见》《关于北方农牧交错带农业结构调整的指导意见》等文件，实施了粮改饲试点、振兴奶业苜蓿发展行动、南方现代草地畜牧业推进行动等项目，饲草产业和草牧融合加快发展，集约化和规模化水平显著提高，产业链条逐步延伸完善，科技支撑能力持续增强，草食畜产品供给能力不断提升，各类生产经营主体不断涌现，既有从事较大规模饲草生产加工的企业和合作社，也有饲草种植大户和一家一户种养结合的生产者，饲草产业迎来了重要的发展机遇期。

苜蓿作为“牧草之王”，既是全球发展饲草产业的重要豆科牧草，也是我国进口量最大的饲草产品；燕麦适应性强、适口性好，已成为我国北方和西部地区草食家畜饲喂的主要禾本科饲草。随着人们对饲草产业重要性认识的不断加深和牛羊等草食畜禽生产的加快发展，我国对饲草的需求量持续增长，草产品的进口量也逐年增加，苜蓿和燕麦在饲草产业中的地位日益凸显。

发展苜蓿和燕麦产业是一个系统工程，既包括苜蓿和燕麦种质资源保护利用、新品种培育、种植管理、收获加工、科学饲喂等环节；也包括企业、合作社、种植大户、家庭农牧场等新型生产经营主体的培育壮大。根据不同生产经营主体的需求，开展先进适用科学技术的创新集成和普及应用，对于促进苜蓿和燕麦产业持续较快健康发展具有重要作用。

全国畜牧总站组织有关专家学者和生产一线人员编写了《苜蓿燕麦科普系列丛书》，分别包括种质篇、育种篇、种植篇、植保篇、加工篇、利用篇等，全部采用宣传画辅助文字说明的方式，面向科技推广工作者和产业生产经营者，用系统、生动、形象的方式推广普及苜蓿和燕麦的科学知识及实用技术。

本系列丛书的撰写工作得到了中国农业大学、甘肃农业大学、中国农业科学院草原研究所、北京畜牧兽医研究所、植物保护研究所、黑龙江省农业科学院草业研究所等单位的大力支持。参加编写的同志克服了工作繁忙、经验不足等困难，加班加点查阅和研究文献资料，多次修改完善文稿，付出了大量心血和汗水。在成书之际，谨对各位专家学者、编写人员的辛勤付出及相关单位的大力支持表示诚挚的谢意！

书中疏漏之处，敬请读者批评指正。

目 录

一、苜蓿种质资源的收集

（一）苜蓿种质资源的野外考察收集

1. 野外考察收集涉及哪些内容？

苜蓿种质资源的收集保护、鉴定评价、基因挖掘是种质资源研究利用的主要工作。准确分类是相关工作的基础，苜蓿检索表是分类的必备工具（附录1）。

苜蓿种质资源收集是增加珍稀资源、特异资源、野生资源、优异资源数量的重要途径。通过野外实地观察和调查，采集有保护和利用价值的苜蓿种质资源，主要收集苜蓿种子、植物标本和数字图像。具体的收集过程包括四个阶段：一是准备工作阶段，二是野外作业阶段，三是室内鉴定、整理和总结阶段，四是已采集种子的编目和入库保存工作阶段。苜蓿种质资源野外考察收集的工作程序如图1-1所示。

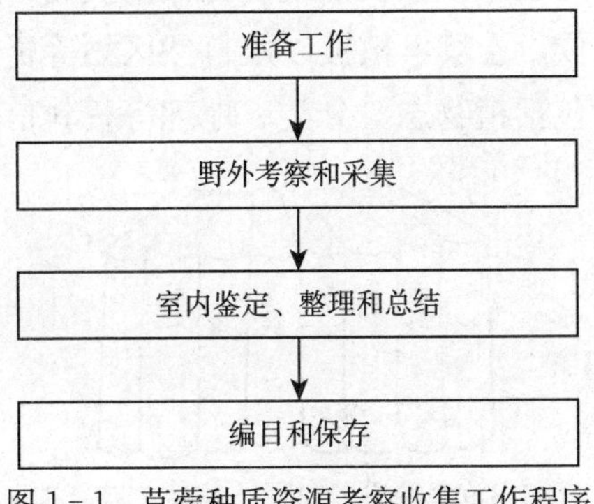

图1-1　苜蓿种质资源考察收集工作程序

2. 野外考察收集应做好哪些准备工作?

苜蓿种质野外资源考察收集的准备工作非常重要，主要包括考察区的确定、文献资料的收集、考察计划的制定、考察队的组建以及物质准备等。

图 1-2 苜蓿种质资源野外考察准备工作

野外考察区主要有三类：一是苜蓿种质资源分布最多的地区，二是尚未进行考察的地区，三是苜蓿种质资源损失威胁最大的地区。

文献资料的收集涉及自然地理方面的资料，包括地形、地貌、水文、气候、土壤、植被以及自然区划等资料信息；植物方面的资料，包括植物志、分类、地理等资料信息。

图 1-3 苜蓿种质资源野外考察文献资料收集

考察计划制订包括考察地区和时间、考察人员组成、考察路线及日程、物资准备等。

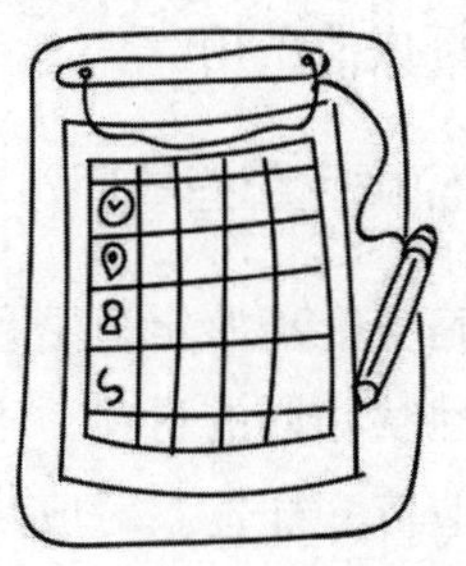

图 1-4　制定考察计划

依据考察区域及任务大小，考察队可分为大型、中型和小型考察队（组）。大型的考察队（组）一般 5～10 人，中型的 4～7 人，小型的 2～4 人。实行队（组）长负责制。

考察物资包括四类：一是交通工具；二是采集用品，如放大镜、GPS、照相机等；三是生活用品，如背包、雨具、水壶、药品箱等；四是其他物品，如指南针、地图等。

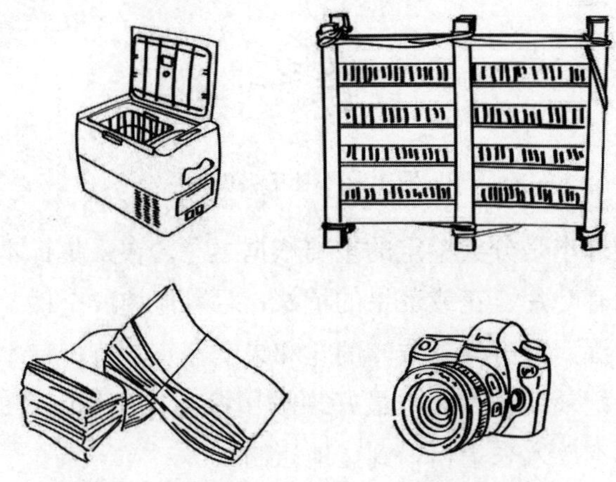

图 1-5　苜蓿种质资源野外考察收集常用物品
（采集箱、标本夹、种子袋和照相机）

详细的采集数据是种质资源重要的背景信息。通常采集表包括采集号、采集地点、采集日期、种质名称等。考察前将数据采集表提前印刷装订成册备用。

3. 野外考察收集应确定哪些事项?

采集种子的前提是要准确鉴定苜蓿种质资源的种类。在此基础上，尽可能采集性状相同的材料，不同性状的材料分开采集，保证采集种子的遗传多样性。对成片分布的种类，可按随机取样方法进行采集。采集后装入采集袋，挂上标签并填写“苜蓿种质资源考察收集数据采集表”(附录2)。

图1-6　种子采集

植物标本是分类鉴定的重要依据之一。在采集标本时，一定要采到有叶片、花或荚果的植株，尽可能挖取全株。如果植株很大且湿，可剪取带枝叶的花和果实器官。每份标本均挂上标签，并记录编号。标本最好现场用标本夹压制。若时间紧，也可将标本放入采集箱，到住地压制。

数字图像也是分类鉴定的重要依据之一，图像的采集主要包括两部分内容。第一是采集地信息，包括采集地植被、土

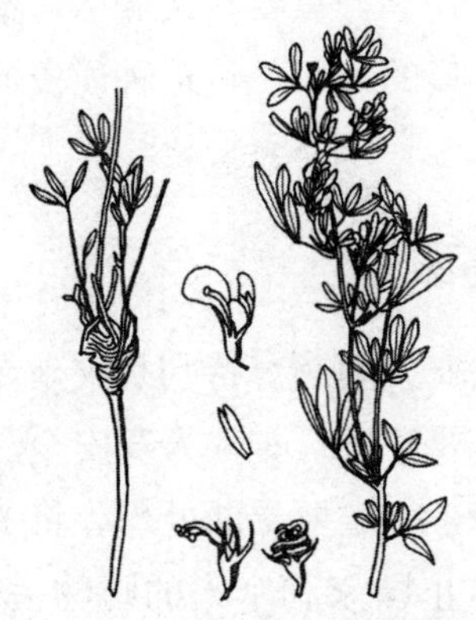

科　名：			
拉丁名：			
中文名：			
产　地：		采集地：	
经纬度：		海　拔：	
鉴定者：		鉴定日期：	

图 1－7　苜蓿标本

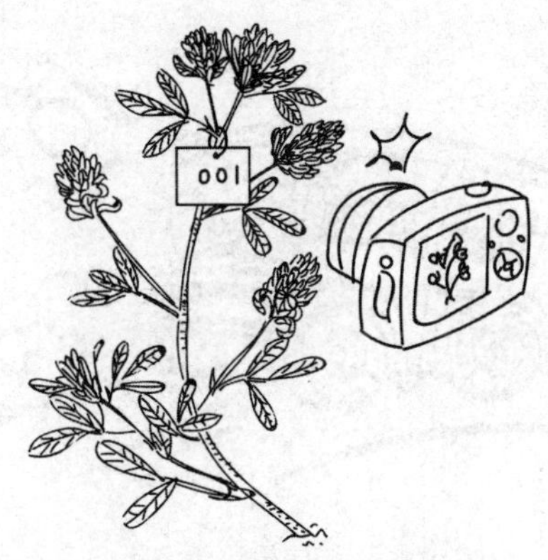

图 1－8　苜蓿植株图像采集

壤、群落、地理地形、生境等分布信息。第二是苜蓿植株信息，应包括植株的重要分类学的关键特征，例如：根、茎、叶、花序、荚果、种子等。

种质资源的采集主要是种子，其次是标本。对每一份实物都应给予一个编号。将写有编号的标签挂在样本上。编号应与数据采集表的编号一致。此外，还应有野外采集的原始记录。

这是样本身份证明和基本档案信息，十分重要。按照“苜蓿种质资源考察收集数据采集表”对收集的每一份苜蓿种质资源进行记载和填写，越详细越好。

4. 野外考察收集应注意哪些事项?

考察过程中特别要重视和注意安全问题。特别是乘坐专用汽车进行路线性布点考察时，一是要注意行车和人身安全。若遇有危险的道路及突发性自然灾害，一定要果断处理，将考察人员转移到安全地方。同时也要防止国家和个人的财物丢失。在草地、林间草地考察要防止迷路。一般最好 2 人以上同行考察，不要一人单独行动。保持手机充足电量并保持畅通。

图 1-9　注意行车安全

二是要严格执行防火规定。在草地、林间和林缘考察，一定要遵守当地防火的有关规定。用火（如吸烟等）一定要在安全处。用完火后，一定要确定其彻底熄灭后方可离开。

三是防止生病和意外受伤。野外考察时应准备感冒药、肠胃药、晕车药、红花油、云南白药等常用药物。生病或受伤严重时，应及时就医。野外考察还应注意蚊虫鼠蚁等造成的伤害，应提前了解当地的相关情况。

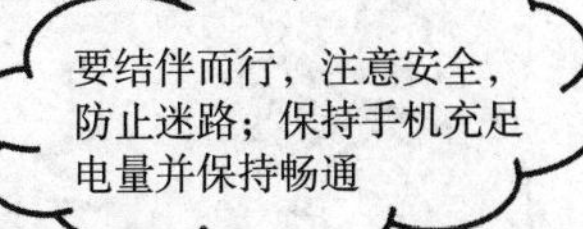

图 1-10　注意人身安全

图 1-11　注意防火

图 1-12　常备药品

四是不要乱尝野果、野菜和菌类。考察地有时有野果、野菜和菌类分布。有些可食，有些有毒。在不了解的情况下，不要乱尝，以防中毒。

图 1-13　野外考察切勿乱食野果、野菜和菌类

5. 室内工作包括哪些内容?

室内工作是考察收集工作重要环节之一，非常重要。在野外考察收集工作结束，回来稍事休息后，应迅速开展种子、标本、数字图像和数据信息的整理、鉴定、编目、工作总结和资料归档等工作。

首先进行种子及标本整理。对采集的种子进行检查和清理。对脱粒种子进行清选，尚未脱粒的尽快翻晒、脱粒和清选。经过清选的种子，最后进行称重和登记。保持种子干燥。植物标本应尽快翻压和换草纸。在此过程中，对标本和记录进行全面检查和清理。对已压干和定形的标本上台纸。标本用棉线固定。在台纸的右上角贴标本野外记录笺，在左下角贴鉴定笺。

图 1-14　整理种子　　　　图 1-15　整理和压制标本

之后进行数据信息整理、标本鉴定和定名。检查数据采集表，补充尚未填写的项目和内容，对有错误的进行纠正。同时对野外拍摄的图片进行整理和命名。对一般常见种，能定名的应写好鉴定笺，放在标本上或贴在台纸上。需要进一步解剖和鉴定的种，应利用中国植物志、地方植物志及有关文献进行鉴定和定名。

野外采集的种子经清选、整理和鉴定后，编写苜蓿种质资源考察收集名录。包括采集号、种名、种质名称、采集地点、生境、经度、纬度、海拔、重量等。应尽可能详细，以便作为原始资料，供撰写论文、深入研究和其他考察人员参考。数据采集表、图像信息、数据统计表、整理和鉴定结果、考察收集名录、技术总结等均应输入计算机，所有资料应按照资料归档的规定和要求立卷归档。

图 1－16　采集苜蓿植株的解剖观察

图 1－17　数据整理、统计与归档

（二）苜蓿种质资源的征集

6. 征集包括哪些工作内容和程序？

苜蓿种质资源征集是收集的方式之一。一般是通过行政或业务关系发文进行收集。苜蓿种质资源征集是将分散在企事业单位和育种家等处的苜蓿种质资源收集起来和统一保存。征集既可是全国性征集，也可是地区征集或个别单位征集。

苜蓿种质资源征集流程主要包括征集部门（单位）制订征集工作计划；拟定和发布征集通知（征集函）；接受任务部门收集苜蓿种质资源，并填写数据采集表，送至发函单位；由发函单位统一鉴定、编目和入库保存。

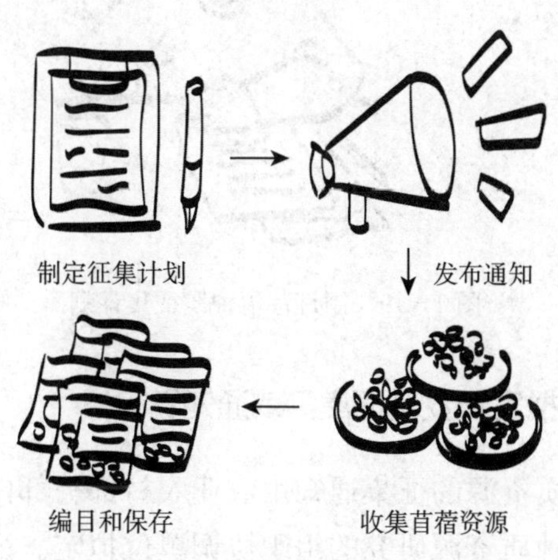

图 1－18　苜蓿种质资源征集工作程序

7. 如何制订征集计划？

根据苜蓿种质资源发展的需求，由国家或农业农村部等部门设立征集项目，苜蓿种质资源研究的组织协调单位主持具体的征集工作，并制订苜蓿种质资源的征集计划。征集计划主要包括：征集的目的及意义；征集苜蓿种质资源的类型和种类；征集的地区、部门（企事业单位和育种家等）；征集的相关要求等。

图 1－19　制订苜蓿种质征集计划

8. 如何拟定和发布征集函或通知？

苜蓿种质资源的征集通知由农业农村部等部门拟定，而征集函由苜蓿种质资源研究的组织协调单位拟定。征集通知或征

图 1－20　发布征集函或通知

集函的主要内容基本相同，包括征集的目的、征集的种类、具体任务及要求等，并附相关的数据信息采集表（包括填写说明）。征集通知发至全国各省市区政府或有关政府部门，征集函发至与苜蓿种质资源有关的科研和育种单位、种子公司及个人等。

9. 如何准备征集材料？

收到农业农村部等部门关于苜蓿种质资源征集通知的各省市区政府有关行政、科研等部门，可组织相关科研、育种、种子公司等业务单位，对本部门或单位已有的种质资源进行清理，或在本地区进行采集以备征集。同时填写苜蓿种质资源征集数据采集表（附录3）。

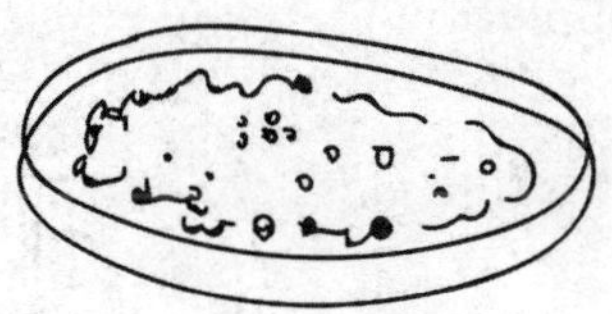

图1-21　晾晒种子

对采集到的种子要及时晾晒，防混杂。采集工作结束后，对采集的种子进行整理，填写和完善数据采集表并装订成册。整理完成的种子包装后，尽快发送至苜蓿种质资源征集工作的主持单位。

10. 如何处理苜蓿征集材料？

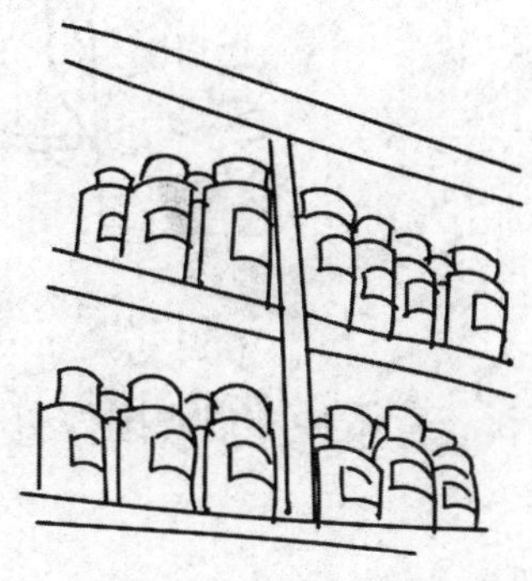

图1-22　种子入库

发函征集种质资源单位，对从各省市区有关政府部门或业务单位及个人征集到的苜蓿种子和数据采集表，集中进行整理，开展主要特征特性的初步鉴定，编写征集名录。在初步鉴定的基础上，进行种子清选，编写苜蓿种质资源入库名录，将附有名录的种子送中期库或长期库保存。

（三）苜蓿种质资源国外引种

11. 国外引种涉及哪些内容？

国外引种也是苜蓿种质资源收集的方式之一。我国是苜蓿种质资源比较贫乏的国家，绝大多数苜蓿种质资源在我国没有分布。将国外有栽培利用价值的苜蓿种质资源，通过不同途径引入本国，也是获得优良栽培草种和育种原始亲本材料的重要手段。

根据引种计划，从国外引进苜蓿种质资源材料，需要进行植物检疫和隔离检疫试种，并进行初步鉴定和繁种保存，编写引种名录，汇总有关数据、信息和建立数据库。

图 1-23　依法开展国外引种

苜蓿种质资源国外引种工作程序见图 1-24：

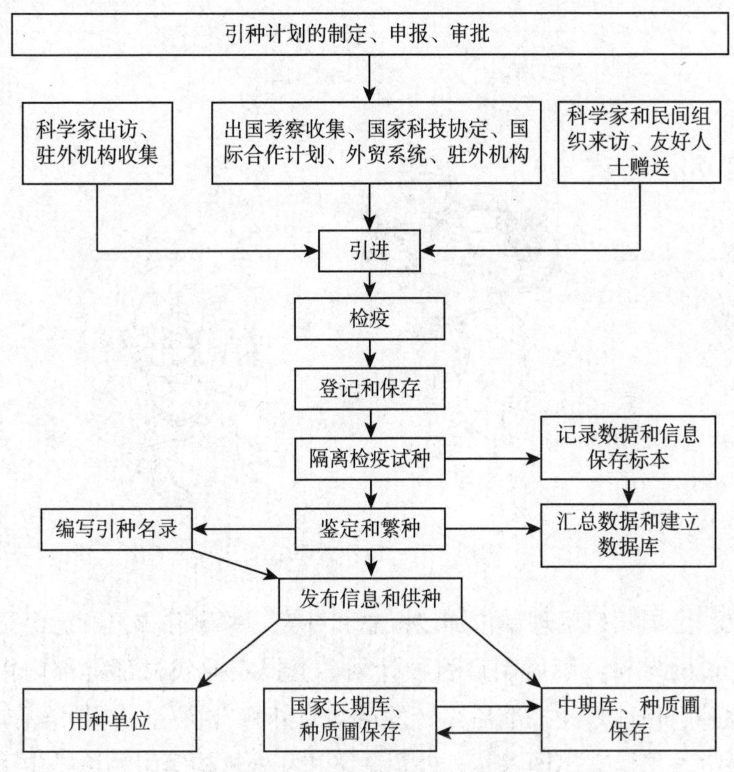

图 1－24　苜蓿种质资源国外引种工作程序

12. 国外引种包含哪些重要事项？

苜蓿种质资源国外引种的途径主要有国际合作、科技协定、科学家互访、赴国外考察收集、外贸系统和驻外机构收集引进以及民间团体和友好人士赠送等。

在了解国外苜蓿种质资源有关信息的基础上，引种单位根据需要制订国外引种计划，内容包括引种国家及单位、名称及学名、种质资源名称、主要特征特性、引进种子数量等。引种单位将引种计划上报主管部门，汇总后上报全国归口管理单

图 1-25　国外引种途径

位。全国归口管理单位加以汇总和补充，并删除重复和已经引进过的材料，最后制订引种计划，上报农业农村部等部门审批。引种计划经批准后，转发通知对外科技协定、国际合作、科学家出访、出国考察、外贸系统和驻外机构等引种途径中引种相关人员参考。对于科学家出访、出国考察中收集获得审批外的牧草种质资源，或国外科学家、民间组织和友好人士来访赠送的种质资源，应事后补报农业农村部等部门进行审批。

《农作物种质资源管理办法》中规定："单位和个人从境外引进种质资源，应当依照有关植物检疫法律、行政法规的规定，办理植物检疫手续。"

引种单位或个人应当在国家规定的期限内，将引进的苜蓿种质资源及有关数据信息表（附录 4）报送全国归口管理单位统一登记。

引进的种质资源，应当隔离试种。经植物检疫机构检疫，

图 1 - 26　检验检疫程序

证明确实不带危险性病、虫及杂草的，方可分散种植。对新引进的苜蓿种质资源在隔离检疫圃内试种，主要任务有三项。第一，在种质资源适当的生育时期进行田间检疫；第二，对主要农艺性状等进行初步评价；第三，留制原始标本。检疫试种部门应将检疫试种结果及时返回给引种方。

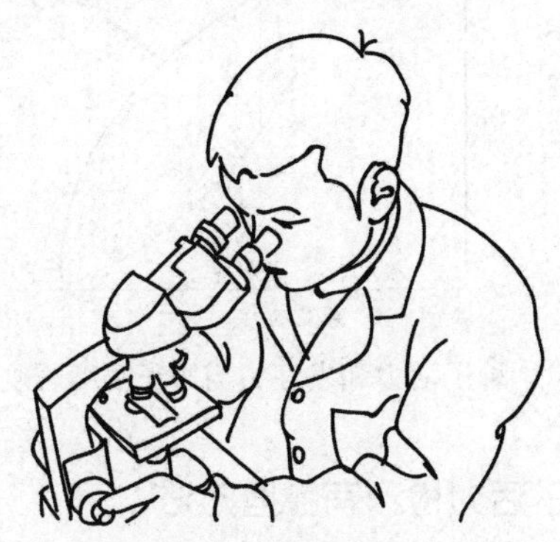

图 1 - 27　实验室检疫

二、苜蓿种质的保存

（一）苜蓿种子的活力检测

13. 为什么要进行苜蓿种子活力的检测?

种子活力是指种子迅速整齐萌发的发芽潜力、生长潜势和生产潜力。高活力种子具有较高的发芽力和生活力，可以较好地抵抗各种逆境。目前，种子活力广泛应用于检测和评定种子的品质。

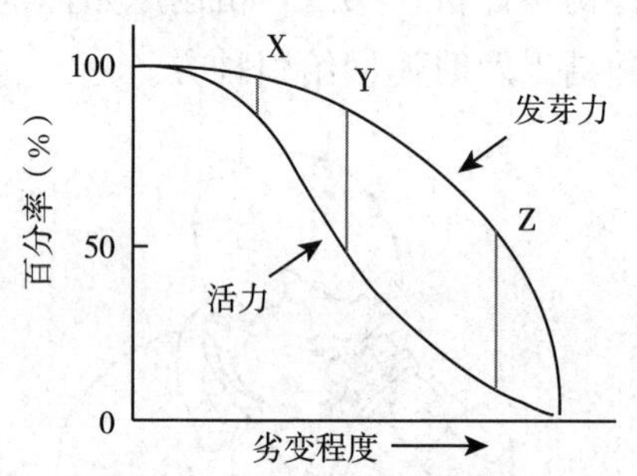

图 2-1　种子活力和发芽力与种子劣变程度图解

14. 苜蓿种子活力检测有哪些方法?

苜蓿种子活力检测包括传统检测方法和新型检测方法。传统检测方法包括标准发芽活力测定、逆境抗性检测及生理生化测定。新型检测方法包括机器视觉技术、近红外光谱技术、高光谱技术、激光散斑技术、软 X 射线技术及电子鼻技术等。

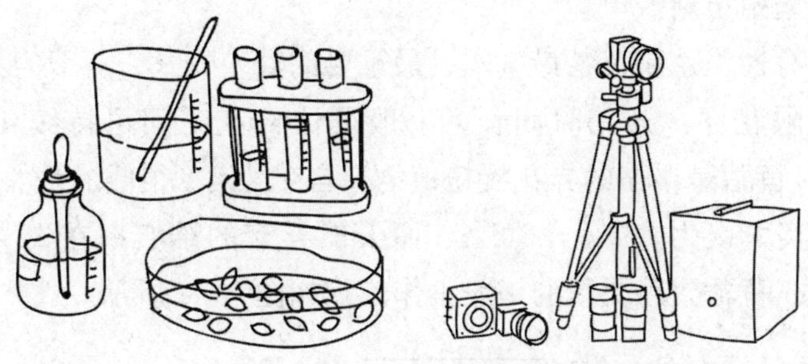

图 2-2　种子活力检测方法

（二）苜蓿种质资源的繁殖更新

15. 如何进行苜蓿种质资源的繁殖更新?

繁殖更新是种质资源保护和利用工作的重要组成部分。随着在种质库中贮藏时间的延长，苜蓿种子活力逐渐下降。此外鉴定、分发、检测及研究利用会对种质资源产生消耗，因此需

图 2-3　种质库中贮藏种质资源

对库存种子进行繁殖更新。繁殖更新方式分为有性繁殖更新和无性繁殖更新。

有性繁殖是苜蓿最基本、最重要的繁殖方式。苜蓿的花序为无限花序，开花时间长，一般群体开花时间可持续 40～60d。苜蓿是严格的异花授粉植物，自交结实率很低，天然自交的结实率仅为 2.2%～6.6%，而天然异交的结实率在 25%～75%。苜蓿繁殖更新的一般工作流程如图 2-4 所示。

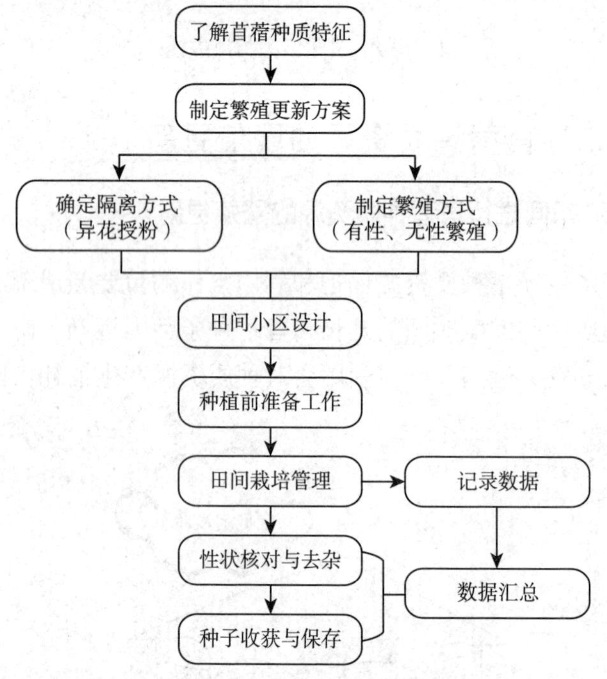

图 2-4 苜蓿繁殖更新的一般工作流程

苜蓿繁殖更新的原则是最大程度保持原种质的遗传完整性，保证新繁殖种子或植株的数量和质量达到入库保存的要求。

图 2-5 苜蓿繁殖更新原则

16. 苜蓿繁殖更新的注意事项有哪些?

繁殖更新的地点原则上应选在拟繁殖种质的原产地、采集地或类似的生态区。国外引进种质选择类似的生态区，经过适应性鉴定后，确定适合繁殖的地区。种质圃保存种质的更新，不应直接在圃地内进行种子繁殖，而应另选地块移栽株苗繁殖种子，以防圃内植株落粒造成混杂。

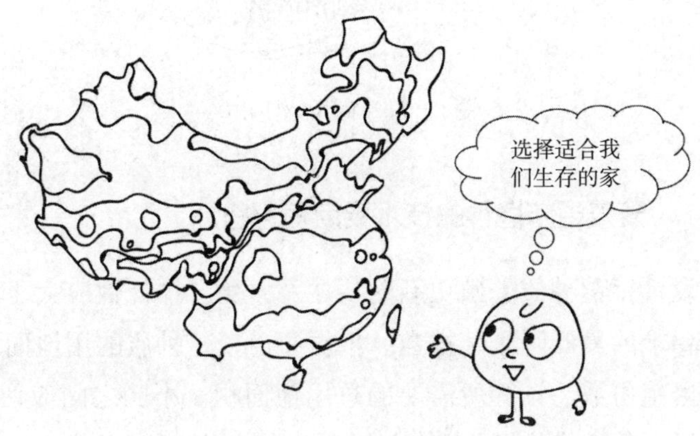

图 2-6 科学选择繁殖地点

苜蓿繁殖应考虑采取花期隔离措施，如空间隔离和时间隔离等。苜蓿的空间隔离距离应至少为 1 000～1 200m。该方法适用于一次繁殖种质份数不多或要繁殖的种子量较大时采用。时间隔离措施为苜蓿种子同期播种，但在每年开花前保留其中一份种质开花，其余种质刈割，逐年更换保留的种质。该方法较为实用，但不适宜大量种质的繁种。也可以采用单株网罩隔离的方式进行繁殖更新，即在开花前用特制的尼龙网罩或纱布网罩将植株全部罩住，防止昆虫进入。网罩之间不同苜蓿种质保持一定距离。防虫网罩以 100 目以上的尼龙网罩为好。需要防虫兼防风传播花粉的种质以纱布网罩为好。

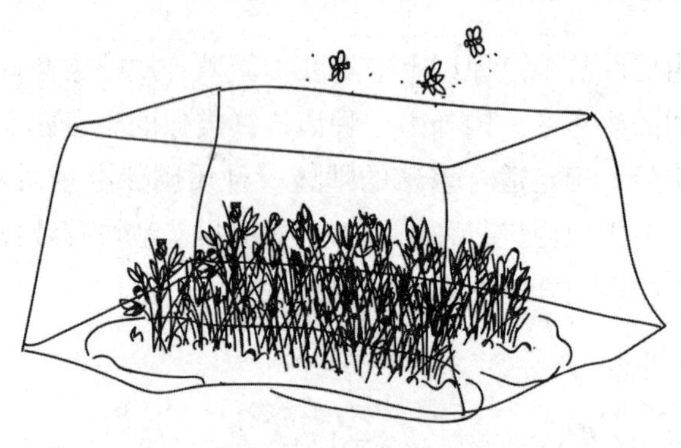

图 2-7　苜蓿隔离网罩

17. 繁殖更新播种的技术要点有哪些?

设计苜蓿种质繁殖更新时要注意繁殖群体株数应大于种质繁殖要求的最低限繁殖株数。依据每份繁殖种质的用地面积和计划繁殖份数，计算所需要的总用地面积。小区之间应留出 1 行空行，每 2 排小区之间留出人行道，以便观察记载。四周应留出 2～4 行保护行，保护行种植材料应与繁殖更新材料不同属或科为佳。

准备材料包括种子袋、育苗袋、育苗土、播种画线尺、拉绳、标牌、繁种记载表等。

播种前要整地，深翻、耙平，根据设计的株行距和播种深度开沟或挖穴。中等肥力的地块可结合深翻整地，每亩施入有机肥 2 000～3 000kg 作基肥，同时施过磷酸钙 150～200kg 和氯化钾 5～10kg。播种前镇压，有利于保墒。

根据繁殖点的气候条件以及种质光温性、熟期性等特性，选择适宜的时间播种。分为春播、秋播。春播一般在 3 月下旬至 5 月初，地温稳定在 5℃以上即可播种。秋播一般在 8 月底 9 月初，使苜蓿在冬季来临前有 60d 左右的生长时间。

对种子量少、发芽率低的野生种可采用温室育苗移栽，以提高繁殖率，通常采用人工开沟条播或穴播。硬实率达到 30％以上则需对种子进行处理。

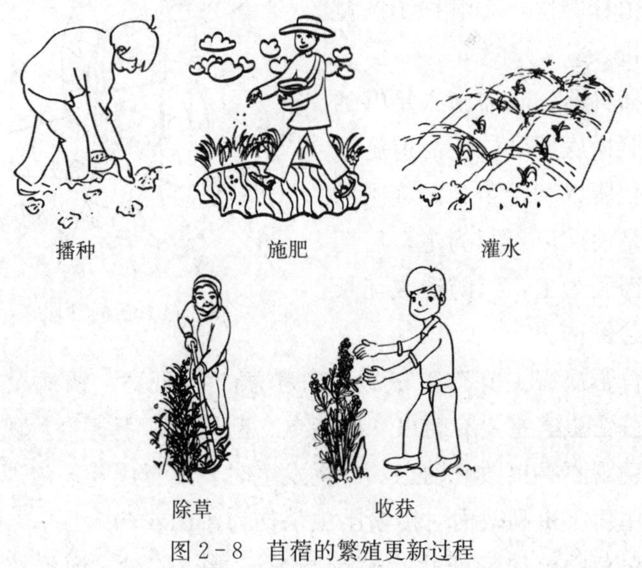

图 2－8　苜蓿的繁殖更新过程

苜蓿播种深度一般 2cm 左右。春季播种后需要镇压，使种子紧密接触土壤，有利于发芽。

18. 建植后的田间管理要点有哪些?

苗期植株生长缓慢、竞争力弱，杂草容易侵入从而抑制小苗的生长，要及时铲除苗期杂草。如出现缺苗应及早补种。

当小苗长至 10～15cm 时即可移栽至繁殖小区内，移栽时最好选阴雨天气进行，移植后须浇定根水。

结合除草定期进行中耕，以疏松土壤、消灭杂草，整个生长季要做到无杂草。

依据苜蓿的生长特性以及土壤状况和天气情况，苗期实时进行浇灌，保证水分的充分供应。在花末期应停止灌水，防止植株倒伏，影响种子产量和质量。

播种前，除需施入足够的有机肥做底肥外，还需追施适量的化肥以利于生长。施肥的原则是前期以氮肥为主，后期以磷钾肥为主，以防造成徒长而引起倒伏。

图 2-9　田间管理

苜蓿病害主要有霜霉病、白粉病、叶斑病、锈病及根腐病。苜蓿虫害主要有蚜虫、棉铃虫、蓟马及地下害虫。现蕾前要密切观察害虫数量动态，严重发生时要注意用药剂治理，但要选用对害虫高效而对授粉昆虫杀伤力小的农药。

对苜蓿植株特征性状进行调查记录与核对，评价核对结果，对个别与原性状不符的混杂株应去除或做记号按植株变异处理。对与原种质性状完全不符的应查明原因，并采取相应措施。

19. 种子收获、清选与质量检验的要点有哪些？

繁殖种子要做到及时收获，成熟一份收获一份。一般应在70％～80％荚果变成褐色时及时采收。收获种子多用纱网种子袋或布袋，袋口和袋内要放标签，注明小区号和收种时间。

刚收获的种子必须立即干燥，应及时充分利用较好的天气条件进行晾晒并适时翻动，防止发热霉变、鼠雀危害。晾晒干燥后一般采用人工脱粒，数量较大的也可采用脱粒机脱粒。

图 2-10　种子收获

新繁育的种子入库前要进行清选，去除杂物、瘪粒等。繁殖量大时也可采用机械清选法，常用的清选设备有气流筛选机、比重清选机、窝眼盘分离器和螺旋分离机等。

对清选后种子称量，测定千粒重，测定方法按照《牧草种质资源描述规范和数据标准》执行。参照“GB/T 2930.3 牧草种子检验规程—净度分析”进行净度检验，繁殖更新种子的净度一般不低于98％。

20. 如何进行种子入库？

做好入库前的准备。检验合格的种子按照入库质量和包装要求，经统一包装整理后送交入库。每份种质包装袋外要标注种质编号、种质名称、繁殖年份、种子重量，袋内要放相同标注的标签。

按材料编号顺序进行整理和登记。核对繁殖更新编号。对照标本和种质目录核对种质。编写繁殖更新清单并检查种质质量。清单应包括田间小区号、繁殖更新的种质编号、库编号、种质名称、繁殖单位、繁殖地点、繁殖时间、种子重量等。质量检查包括种质的纯度、净度、水分和发芽率等。

图 2-11　种子入库

繁殖更新结束后，应及时对繁殖过程中所记录的数据进行整理，建立纸质档案（附录 5）。建立繁殖更新种质电子档案和数据库。对繁殖更新数据进行汇总、归类、统计和分析，如统计繁殖合格份数、分析繁殖不合格原因，形成当年的繁殖更新工作报告，供下年度制定繁殖更新计划参考。

21. 苜蓿的无性繁殖更新怎么做？

苜蓿的无性繁殖更新方法即扦插法。选向阳、通风、便于管理的地方，按需要在地面开挖或用砖砌一条 35cm 左右的扦插槽。槽内铺塑料，将腐殖土和大田土按 1∶3 比例混合、打细，装入槽内，压平，然后浇透水即可。现蕾期选取直立健壮的苜蓿枝条作母枝。从母枝的中上部与枝条垂直或与枝条呈一定角度剪长约 5～10cm 的枝条，每株取 3～5 个枝条。每个枝条都要挂牌，牌上标注圃位号，送至繁殖区备用。先移栽到装配好移栽基质的营养钵，每钵移栽1株，适当遮阴。视营养钵内基质的湿度情况适量浇水。待成为健康植株时，整钵栽入大田。

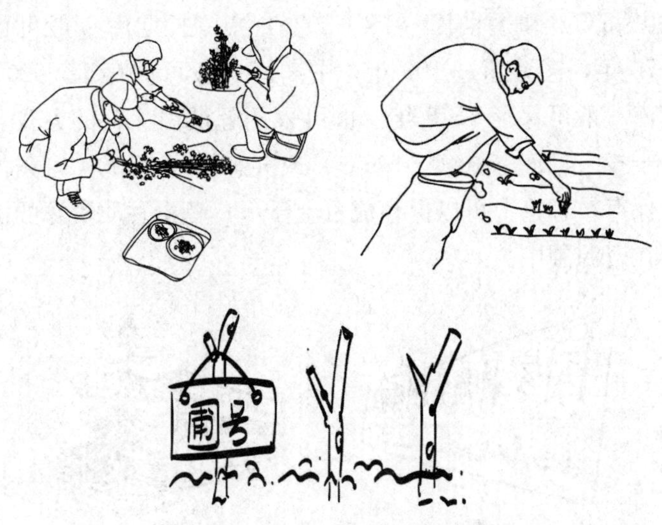

图2-12　苜蓿的无性繁殖

更新材料在繁殖区生长1年后，于次年4—5月挖出，保留20～25cm长的根茬，重新移栽至保存区内。保存区在更新材料入圃前要清除老茎、老根，翻土或换土后栽植新株。更新植株重新入圃前，严格核对更新小区号和圃位号，核实准确无误后才能入圃。

（三）苜蓿种质资源的保存

22. 种质资源的保存有哪些技术？

种质资源的保存可以分为：原生境保存和异生境保存。苜

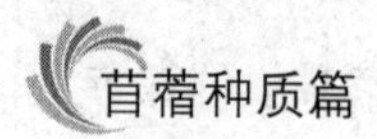

蓿种质资源的异地保存技术主要包括低温种子保存、超低温种子保存和资源圃（大田）保存，异地保存方式主要包括种子保存、植株保存、离体保存。

苜蓿种质材料主要保存于长期库（－10～－18℃）、中期库（0～5℃）和短期库（15～20℃）中。长期库一般可保存50～70年，甚至超过100年；中期库一般可保存15～20年；短期库一般可保存3～5年。也可采用超低温保存的方式，即将种子投入到液态氮（－196℃）或气态氮（－150℃）条件下进行保存，理论上可以保存成百上千年。苜蓿种质资源的植株保存在资源圃中。

图 2－13　苜蓿种质资源的保存设备

23. 种质材料的保存有哪些方式?

苜蓿种质材料的保存方式主要包括种子保存、植株保存及离体保存。种子保存是将不同的苜蓿材料以种子的形式进行保存。通常保存在低温保存库中。

植株保存的主要方式是建立种质资源圃。种质资源圃全方位地展示了不同苜蓿种质资源的表观特性，为苜蓿种质的创新利用提供了原始材料。

图 2-14　苜蓿种质资源的保存方法

离体保存是中短期保存植物种质的重要手段，主要是利用组织培养技术获得特定培养材料（细胞、组织、器官等）进行种质保存的方法。用于离体培养保存的植物材料可以是离体小植株、器官（茎尖、芽、根、花器等）、组织培养物（胚胎组织和愈伤组织等）和细胞培养物（原生质体、细胞、细胞团等）。

三、农艺与品质评价

（一）田间准备

24. 试验地块如何选择？

试验地应尽可能代表所在试验区的气候、土壤和栽培条件等。选择地块应具有以下特点：地势平整、土壤肥力中等且均匀、前茬作物一致、无严重土传病害、具有良好排灌条件、四周无高大建筑物或树木影响（图 3－1）。

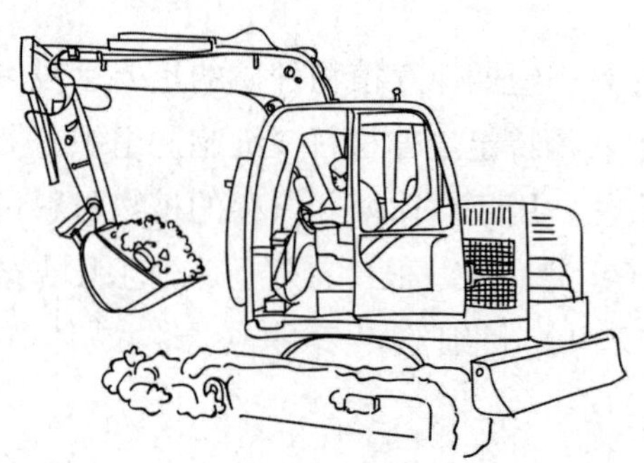

图 3－1　挖排灌渠

25. 试验小区如何设置？

根据《草品种审定技术规程》（GB/T 30395—2013）的规定，苜蓿的试验小区面积一般为 15m²（长 5m×宽 3m）。小区面积过大，造成土地资源浪费并增加管理工作量。小区面积过小，不能满足试验要求。

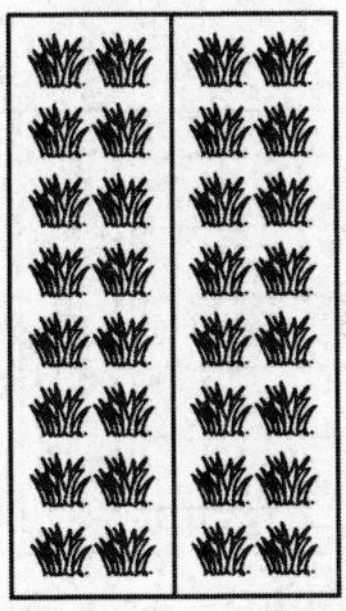

图 3-2　长方形（左）与正方形（右）的小区

小区长边与不同茬口的分界线垂直（图 3-3）。肥力呈阶梯式变化的土壤，小区长边和土壤肥力变化方向应平行（图 3-4）。小区长边与太阳阴影方向应一致（图 3-5）。小区长边最好与试验区旁的主干道垂直，并且靠近主干道，便于机械设备的进出（图 3-6）。

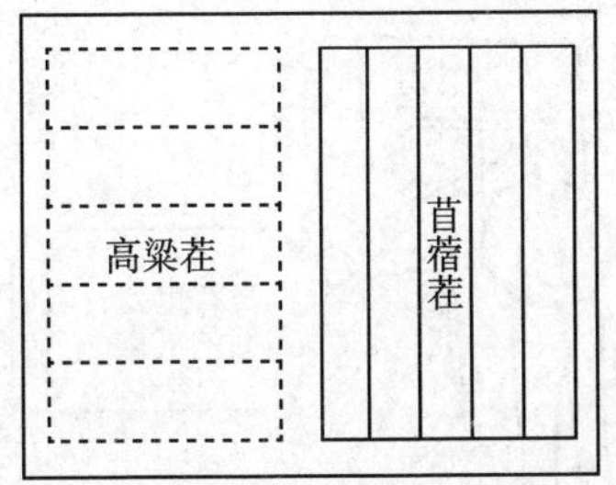

图 3-3　小区长边与不同茬口的分界线垂直

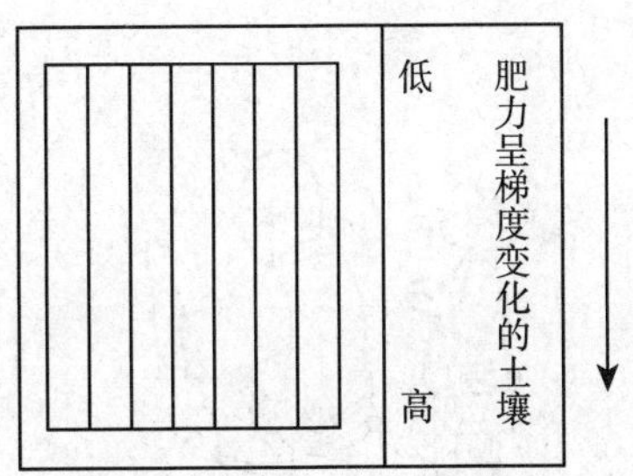

图 3-4　小区长边和土壤肥力变化方向平行

采用随机区组设计，一般需设置 3～4 次重复。同一区组内的土壤肥力应尽可能相对一致，而不同重复之间土壤肥力可存在差异。区组内各小区的位置随机排列，可避免系统误差，提高试验准确度，还能提供无偏的误差估计。

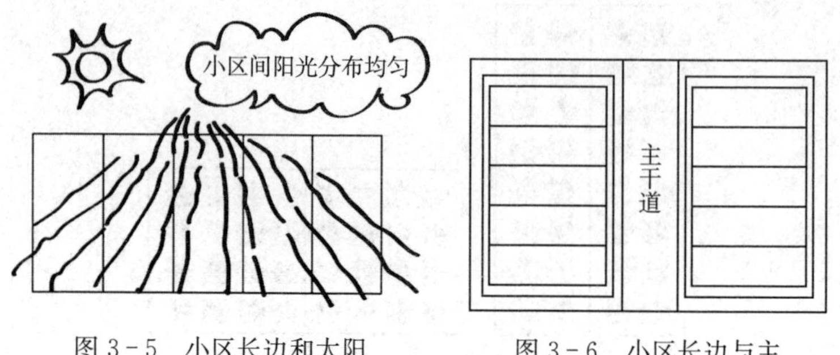

图 3-5　小区长边和太阳阴影方向一致

图 3-6　小区长边与主干道垂直

可设置穴播与条播 2 个测试区。穴播试验区一般用于形态特征调查。测试品种植株总数不少于 60 株。3 个重复，每个重复不少于 20 株。株距、行距均为 60cm。条播试验区一般用于产量测定，行距 30cm，每个小区（长 5m×宽 3m）播种 10 行，理论播种量 30g/小区（1.33kg/亩，种子用价＞80%）。

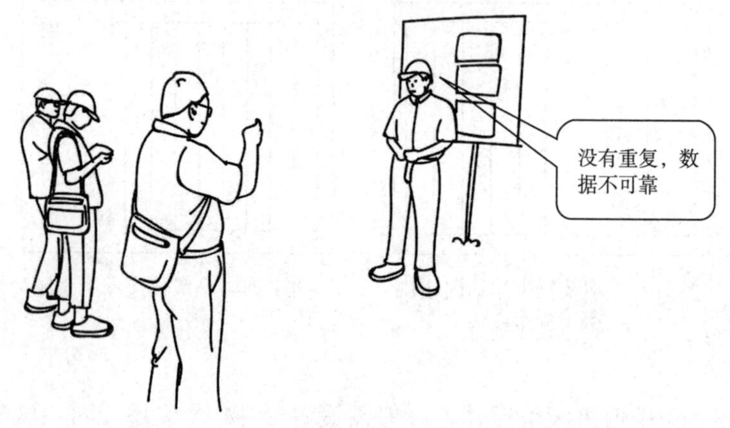

图 3-7　田间试验现场讲解

26. 保护行和小区走道如何设计?

试验地块四周设 1～2m 宽的保护行。设置保护行的作用是保护试验尽可能不受外界因素的干扰。保护行种植和试验区相同的植物材料。

小区内一般不设保护行。但在相邻小区之间的处理效应相互干扰影响较大时，可在每个小区两边各留 1～2 行作为保护行。保护行在管理上与小区内其他植株是一样的，只是不作为观察、测量、计产的对象。

图 3-8　保护行设置

为便于田间试验的栽培管理操作与观察测量，在两排小区(或两个区组)之间留 0.5m 宽的走道。

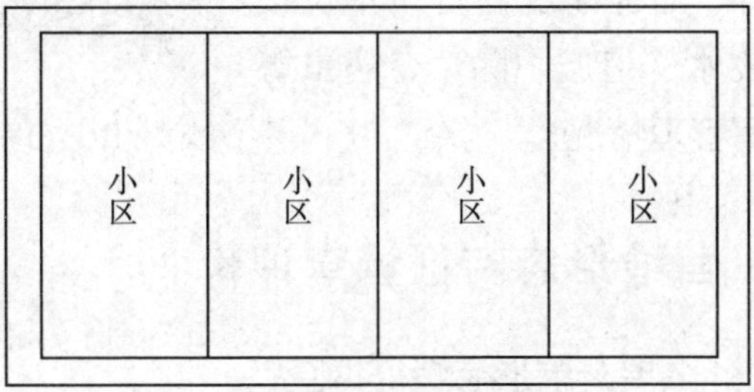

小区　小区　小区　小区

图 3-9　走道设置

27. 试验田基本情况记录包括什么？

为了准确掌握田间状况，应详细记载试验地的各项情况。为了对苜蓿农艺性状作出科学准确的评价，还要制定具体的评价方案，包括评价内容、测定方法和测定时期等。

首先，需要记录试验地所在的地理位置、地形、海拔等基本信息，还需要记录土壤酸碱度、土壤养分（有机质、全氮、有效氮、有效磷、有效钾）等土壤情况，同时需要记录的还有前茬作物、整地情况、底肥施用种类及施用量等土地准备情况。

其次，记录当年的气温、降水量、无霜期、初霜日及终霜日等。记录当年所遭受的极端气候、灾害天气及其他影响苜蓿正常生长的情况。如是否有倒春寒，田间积水，病、虫、草害等情况。

最后，记录田间准备情况，包括播种前是不是进行了镇压、有没有进行杂草防除等准备措施。记录准备评价的苜蓿品种名；播种时间记录至年、月、日；播种深度和行距单位按厘米计。浇水、追肥、除草、病虫害防治等田间管理情况。

图 3-10　田间观察记录

（二）苜蓿形态特征调查评价

28. 为什么要开展形态特征调查？

苜蓿是多年生豆科草本植物，它的根系、茎秆、叶片、花色、果实等特征都和农业生产特性相关。因此，对不同苜蓿品种的形态特征观测，往往是了解苜蓿适应性和产量特性的第一步。

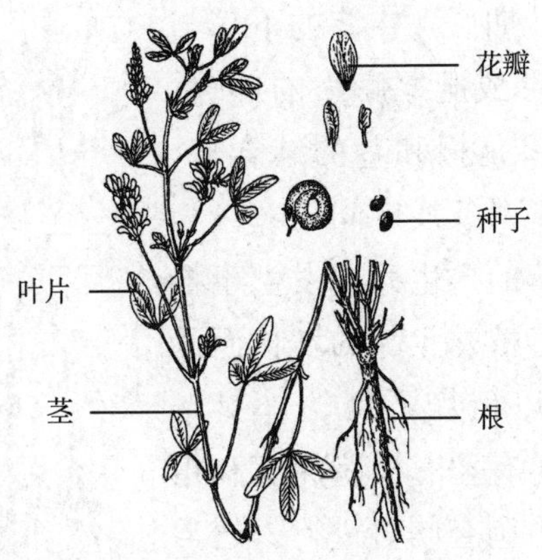

图 3-11　苜蓿形态示意图

29. 如何调查根系类型?

苜蓿根系类型主要有主根型、侧根型、根蘖型等。调查主要在返青期进行。每个试验小区随机选取 20 株苜蓿，挖出完整植株观察根系类型。如果是根蘖型品种，应统计根蘖发生率。根蘖发生率为所有调查的植株中，产生根蘖特征的植株所占的比例。例如，调查的 20 株苜蓿中有 12 株苜蓿根系上产生

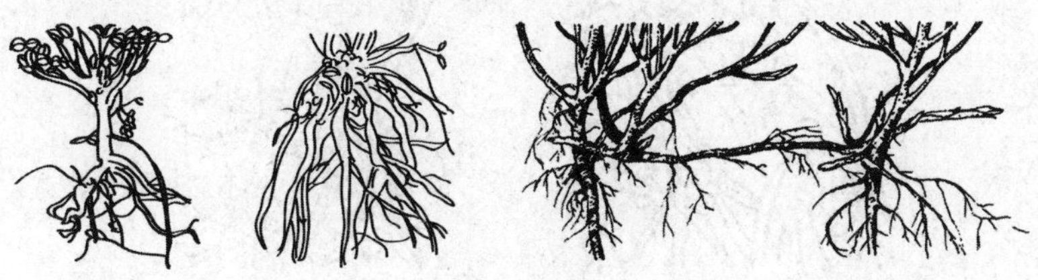

图 3-12　主根型苜蓿（左）、侧根型苜蓿（中）和根蘖型苜蓿（右）

了根蘖，则根蘖发生率为60%。

30. 如何调查根茎特征？

苜蓿在三叶期后，在茎的下部与主根的连接处形成肥厚膨大的部分，称为根茎。根茎是根和茎的结合部。在图3-13中，两条线中间的部分为根茎。豆科牧草的再生芽即发生于根茎上。根茎随着植株年龄的增长而逐渐深入土中，以抵御不良的外界条件，特别对越冬有益。根茎深度和粗细调查可与根系调查同时进行。通常在返青期进行。在根系调查同时，用刻度尺测量根茎的入土深度，用卡尺测量根茎直径。

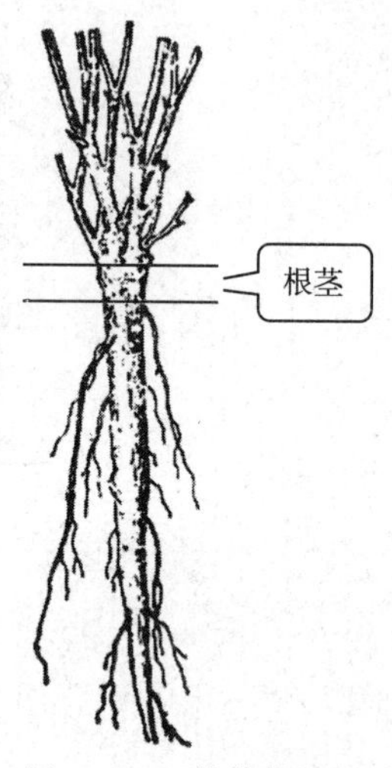

图3-13　苜蓿的根茎

31. 如何调查根瘤结瘤情况？

苜蓿根瘤由于生态区域不同、季节不同而表现出不同的形态和数量特征。苜蓿根瘤的形状和数量与环境条件密切相关。

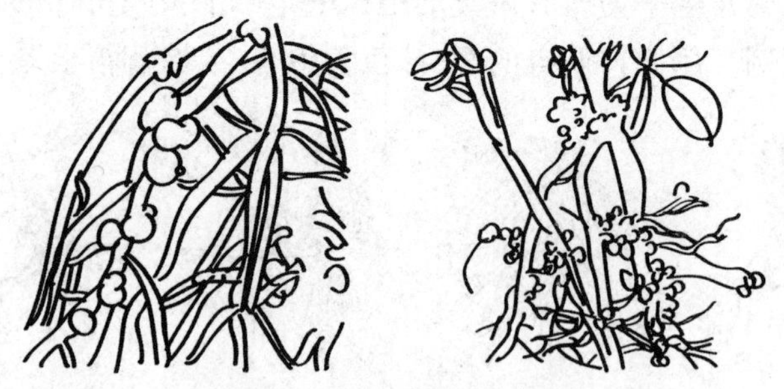
图3-14　苜蓿根系形成的根瘤

调查根瘤结瘤情况时，应对气候、季节、土壤、品种、管理措施等因素进行详细的了解和记录，为后续的深入分析做准备。苜蓿根瘤调查可以在生长期的任何时候进行，也可与根系调查同时进行。调查时需要挖掘植株完整的根系，尤其注意保持须根完整，记录每个植株上有活力的根瘤数量。

32. 如何调查茎的类型、株高和茎秆特点？

在植株的营养生长期，以试验小区的植株为观测对象，每小区随机选择 20 个植株，采用目测法观察茎的类型。调查的最佳时期是苜蓿株丛长至 50cm 左右时。茎的类型主要有 3 类：直立茎（垂直于地面）、斜生茎（最初偏斜，后变直立）和平卧茎（平卧地上）。

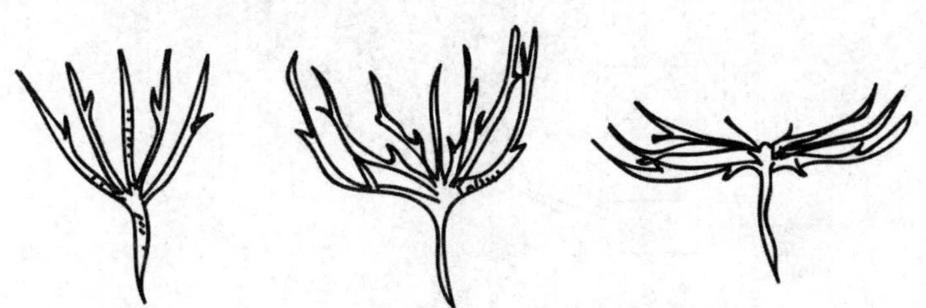

图 3-15　直立茎、斜生茎和平卧茎

苜蓿株高调查通常在现蕾至开花期进行。每个试验小区随机抽取 20 株，用刻度尺测量地表面到植株顶部的绝对高度。

苜蓿茎有主茎和分枝之分。从根茎部位直接抽出的茎枝为主茎，从主茎的叶腋间抽出的枝条叫分枝。剥开根部表土，数取自根茎长出的枝条数。观测数量为 60 株。苜蓿茎秆由节和节间组成。苜蓿茎节数量的调查通常在现蕾至开花期进行，调查主茎的节数。

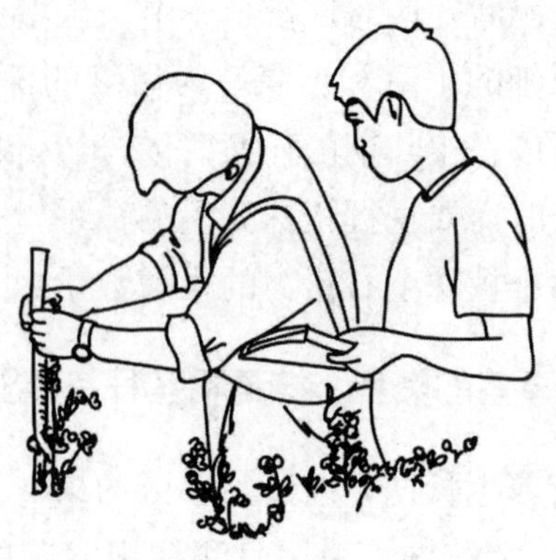

图 3-16　株高测定

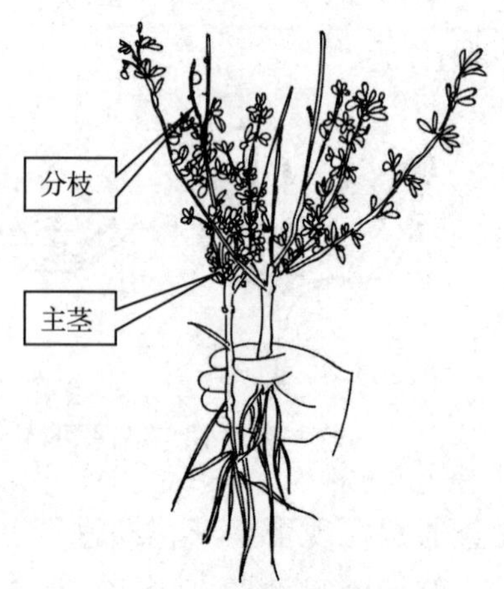

图 3-17　苜蓿的主茎与分枝

33. 如何测定叶片大小?

对苜蓿叶片大小的调查主要在现蕾至开花期进行。选取10株代表性植株，选取自第1花序枝条向下，主茎上的第3或第4中央小叶，测定其叶面积大小。共观测60片叶。叶面积测定方法有叶面积仪法、网格法、剪纸称重法等。

叶面积仪可对植株上的或采摘后的叶片及其他片状物体进行面积测量，可以对任何形状、颜色、厚度和水分含量的叶片表面积进行测量。测量速度快。可一次测量多片叶子。网格法是指在有刻度的网格纸上沿叶片边缘画下来，再统计叶片所占的网格数量，用于计算叶面积。

图 3-18　叶面积仪

34. 如何调查叶片、花色和果实的特征？

苜蓿一般为三出复叶，即每张叶片有三片小叶，也有的品种超过 3 枚，即多叶苜蓿。叶片形态调查主要在现蕾期进行。选择 10 株以上代表性植株，调查是否出现多叶特征，共观测 60 片叶。多叶型品种应统计其多叶发生率，多叶发生率为所调查的植株中有多叶性状植株的比例。

图 3-19　三出复叶（左）和多叶（右）

苜蓿花色变化较大。紫花苜蓿的花色为浅紫或深紫；杂花苜蓿花色以紫色为主，还有蓝绿、黄绿、白色和黄色等杂色；黄花苜蓿花色通常为黄色或淡黄色。苜蓿花色调查在开花期进行。选择200株代表性植株，统计各植株的花色。出现杂色花的苜蓿，应统计具有杂色花的植株所占的比率，即为杂色花率。

图3-20　苜蓿花色调查

苜蓿荚果呈弹簧状螺旋形。典型的紫花苜蓿荚果螺旋为2～4回，黄花苜蓿荚果通常不超过1回，杂花苜蓿荚果螺旋为1～2回。

图3-21　典型的紫花苜蓿（左）、杂花苜蓿（中）和黄花苜蓿（右）荚果

（三）苜蓿的生产性能评价

35. 什么是生育时期与生育期?

生育时期和生育期是不同的概念。生育时期是指在生长发育过程中，植物外部形态特征呈现显著变化的若干时期。在苜蓿全生育过程中，根据外部形态特征的变化可划分为几个生育阶段。苜蓿在不同的生育时期，不仅在形态上有显著变化，而且在对外界环境条件的要求方面也发生了改变。生育时期可分为出苗期（返青期）、分枝期、现蕾期、开花期、结荚期、成熟期、果后营养期和枯黄期等几个阶段。

生育期是指种子出苗（返青）到新种子完全成熟所经历的总天数。生育期长的品种称为晚熟品种，晚熟品种通常产量较高。生育期短的品种称为早熟品种，早熟品种通常产量较低。

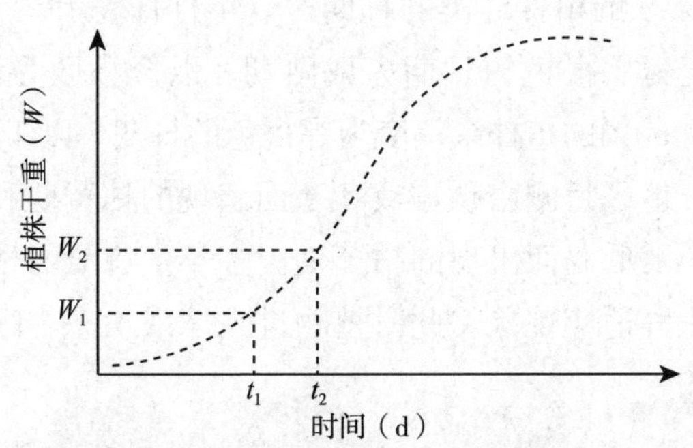

图 3-22　生长量和时间的关系曲线

36. 生育时期如何调查?

出苗期是指种子萌发出土的日期。以全小区为调查对象，鉴定标准是在播种小区内有 50%展开了子叶（真叶）的幼苗露出地面时，即为出苗期。

苜蓿越冬或越夏以后的植株重新生长称返青，也可称生理再生。以全小区为调查对象，一般以50%的植株返青时为返青期。以年月日表示。

分枝期是指苜蓿植株新苗基部叶腋产生侧枝的时期。鉴定标准是50%的幼苗从其叶腋产生侧芽并形成新枝的日期即为分枝期。以年月日表示。

现蕾期是指植株上部叶腋开始出现花蕾的日期。以全小区为调查对象，记录小区内50%的植株出现花蕾的日期。以年月日表示。

开花期是指苜蓿植株上花朵旗瓣和翼瓣张开的日期。以全小区为调查对象，记录小区50%的植株开花的日期。以年月日表示。

苜蓿植株有荚果出现为结荚期。以全小区为调查对象，记录小区内50%的植株结荚的日期。以年月日表示。

果荚变为黑褐色的日期为成熟期。以全小区为调查对象，记录小区内50%的植株果荚变为黑褐色的日期。以年月日表示。

在北方地区目测由秋霜或冬寒而出现的枯黄期和在南方地区高温干旱及低温而出现的枯黄期。多年生苜蓿的枯黄是对不良气候的一种适应现象，此时植物进入休眠状态，呼吸代谢减

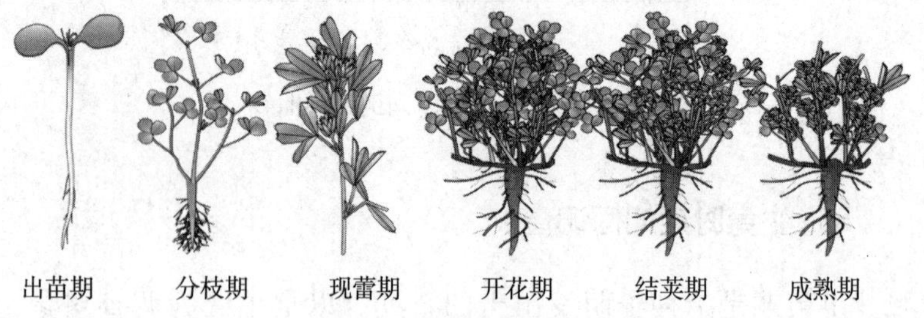

图3-23 苜蓿的主要物候期

弱，待条件适宜的时候再行生长。以全小区为调查对象，记录小区内50%的植株茎叶枯黄或失去生活机能的日期。以年月日表示。

37. 什么是秋眠性?

秋眠性是指某些植物或植物的组织器官到秋天后就进入休眠的现象。苜蓿是长日照植物，晚春及夏季长日照利于其生长发育，秋冬短日照下休眠。不同苜蓿品种对低温和短日照的反应有差异，这种差异被定义为苜蓿秋眠性。

秋眠性的强弱可以通过秋眠级来表示。秋眠性强的品种，对秋季的气候反应明显，秋季刈割后再生高度低，这类品种秋眠级低。苜蓿秋眠性与其再生性、耐寒性和生产力等密切相关。秋眠级低的品种，多表现为再生慢、年刈割次数少，但抗寒性强。秋眠级高的品种，多表现为再生快、年刈割次数多、耐热性强，但抗寒性弱。因此，在苜蓿生产栽培中，多把秋眠级作为苜蓿品种选择的重要指标。

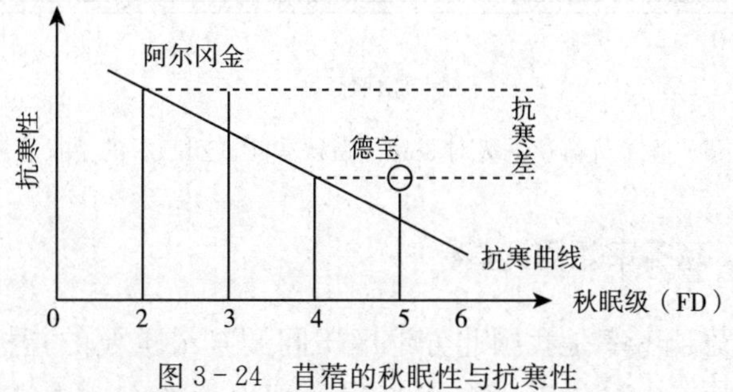

图3-24　苜蓿的秋眠性与抗寒性

38. 秋眠性如何评价?

秋眠性测定方法是在越冬性研究的基础上发展起来的。通常需要测定秋季植株再生高度，同时应用秋眠性 0～11 级的标准对照品种作为对照，统计分级。

定植当年最后一次刈割距初霜期不少于 45d。定植次年进行秋季刈割，在初霜期前 30d 进行，日期确定参考当地近 10 年气象资料。齐地刈割。再生高度测定时间为秋季刈割后 30d。测定植株的再生自然高度，在同一天内完成。

将待测品种的再生自然高度值与标准对照品种（图 3-25）进行对比，最接近某个对照品种的再生自然高度，则待测品种的秋眠级与该对照品种的秋眠级相同。根据秋眠级确定秋眠类型。

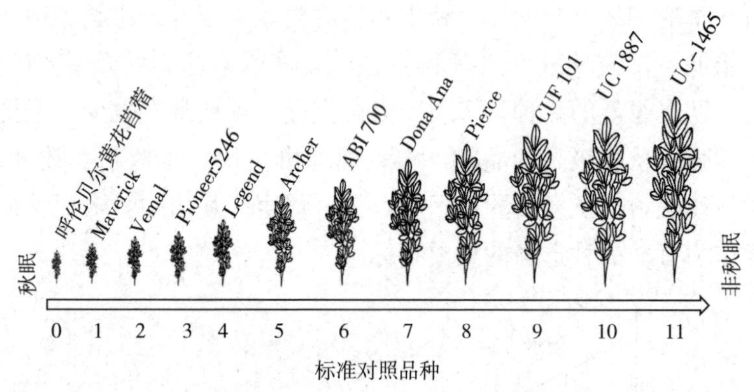

图 3-25　苜蓿秋眠级对照品种在秋季同日刈割后的生长表现

39. 越冬率如何调查?

苜蓿越冬率是我国北方地区田间调查最重要的指标之一。经过冬季后能够存活并正常返青的植株占整个调查植株的比例，称为越冬率。

越冬率通常在春季返青期统计，也称为返青率。在同一区组的小区中随机选择有代表性的样段 3 处，每段长 1m。在越冬前后分别计数样段中植株数量，计算越冬率。越冬率＝越冬后样段内植株数/越冬前样段内植株数×100％。

需要注意的是，同一地块中，苜蓿植株的返青时期也不尽一致。如果统计时间过早，得出的越冬率往往较实际越冬率低。应在返青期持续观测，待返青植株不再增加时，再进行调查。

图 3-26　苜蓿草田冬灌

40. 越夏率如何调查？

南方地区由于夏季高温高湿，或是土壤积水等原因，部分苜蓿植株会出现夏季死亡。

越夏率通常在越夏前后统计。在同一区组的小区中随机选择有代表性的样段 3 处，每段长 1m。在越夏前后分别计数样段中植株数量，计算越夏率。越夏率＝越夏后样段内植株数/越夏前样段内植株数×100％。

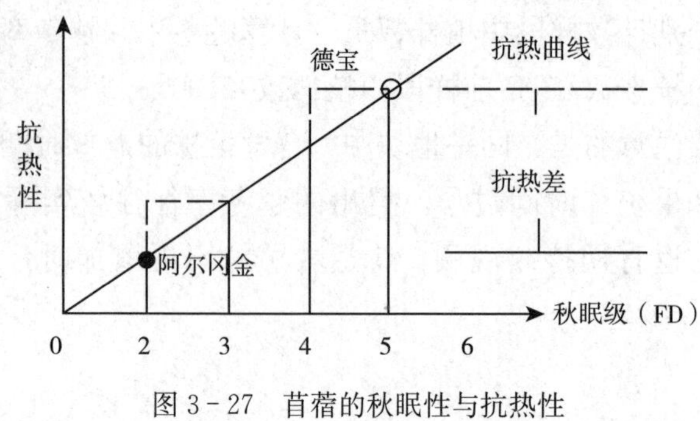

图 3-27　苜蓿的秋眠性与抗热性

41. 利用年限如何评价?

苜蓿是多年生豆科牧草，寿命很长，一般 20～30 年。但是从经济产出角度而言，超过一定利用年限，单位面积的产量下降，投入产出比降低。因此，苜蓿的利用年限要少于其自然生存的年限。

一般在无保护作物的情况下，苜蓿单位面积产量最高的年份是在第二年和第三年，第四年到第五年以后产量逐渐下降（图 3-28）。通常情况下，苜蓿单产降低到最高产量的 60%时，生产者会选择翻耕。因此，苜蓿的利用年限从首次收草的

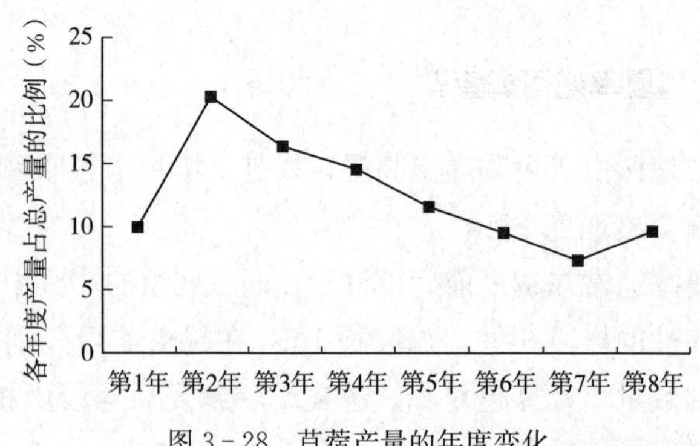

图 3-28　苜蓿产量的年度变化

年份算起，至降低到最高生物量的 60%的年份为止。单位为年。

苜蓿的利用年限与气候、土壤、品种、田间管理等因素密切相关。每年刈割茬数越多，利用年限越短。品种的持久性越好，利用年限越长。

42. 产量如何评价?

产草量包括鲜草产量和干草产量。试验不少于 3 个完整的生产周年。产草量一般在初花期进行测定。刈割留茬高度为 4～6cm。最后一次测产应在初霜前 30d 进行。采用随机区组设计，4 次重复。小区面积 15m²，长 5m，宽 3m。条播，行距 30cm，每个小区播种 10 行。

第一步测定鲜草产量。测产时先去掉小区两侧边行及小区两头 50cm 之内的面积，将余下的 8 行留中间 4m，实测所留 9.6m²（8 行×行长 4m×行距 0.3m）的鲜草产量。如个别小区因家畜采食、农机碾压等非品种自身特性的特殊原因造成缺苗，应按实际测产面积计算产量，但测产面积不得少于 4m²。如因抗寒、抗旱、耐热等品种自身适应性不好原因造成缺苗，应按照 9.6m² 面积计产，不应刨除缺苗面积计产。要求用感量 0.1kg 的秤称重，记载数据时须保留 2 位小数。

图 3-29　苜蓿鲜草称重

每次刈割测产时，从每个小区随机取 3～5 把草样，将 4 个重复小区的草样混合均匀，取约 1 000g 的样品，剪成 3～4cm 长，称重，编号。将称取鲜重后的样品置于烘箱中，在 60～65℃烘干 12h，取出放置室内冷却回潮 24h 后称重。然后再放入烘箱在 60～65℃下烘干 8h，取出放置室内冷却回潮 24h 后称重。直至两次称重之差不超过 2.5g 为止。干重与鲜重的比值，即为干鲜比。干草产量计算公式为：干草产量=鲜草产量×干鲜比。

43. 茎叶比如何评价?

茎叶比是指牧草中茎和叶的重量比率。叶占的比重愈高，品质愈好。苜蓿的茎叶比在现蕾期测定。刈割测产时，称取 0.5kg 左右的样品，将茎和叶（包括叶柄、托叶和花序）分开，待风干后分别称重，计算茎叶比。

图 3－30　样品重量测定

（四）种子生产性能评价

44. 种子产量如何测定?

种子产量测定在种子完熟期进行。测产时，在试验小区随机设置样方，样方面积为 $1m^2$，4 次重复。设样方时注意避开小区边缘和测过鲜草产量的地段。最初测定种子产量时，产量单位为 g/m^2，统计分析时应换算为 kg/hm^2。

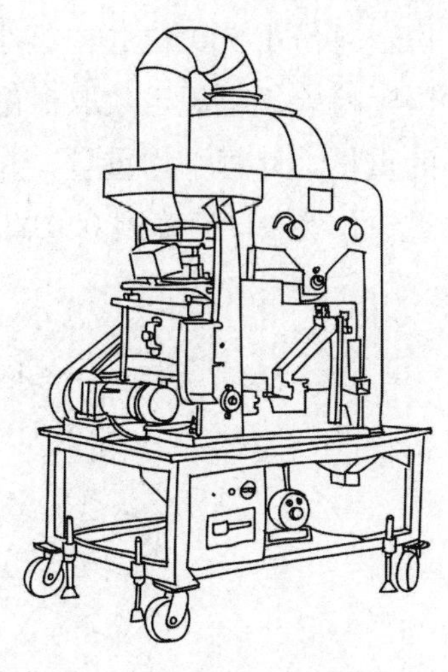

图 3-31 小型种子清选机

45. 种子净度如何测定?

种子净度是指从被检样品中除去杂质和其他植物种子后，被检种子重量占样品总重量的百分率，是种子质量的一项重要指标。样品称重后，按净度分析原则将样品分离成净种子、其他植物种子和杂质。分离后各成分分别称重，以 g 表示，折算为百分率。

图 3-32 种子净度

46. 种子千粒重如何测定?

种子千粒重测定通常在种子收获并风干后进行。千粒重测定的基本方法是从净种子中随机数取若干份试样，通常取 2

份，每份 1 000 粒（中、小粒种子）或 500 粒（大粒种子）。国际检验规程规定数取 8 份，每份 100 粒，分别称取各份样品的重量，计算平均重量，并折算成 1 000 粒种子的重量。千粒重单位为 g，精确到 0.01g。

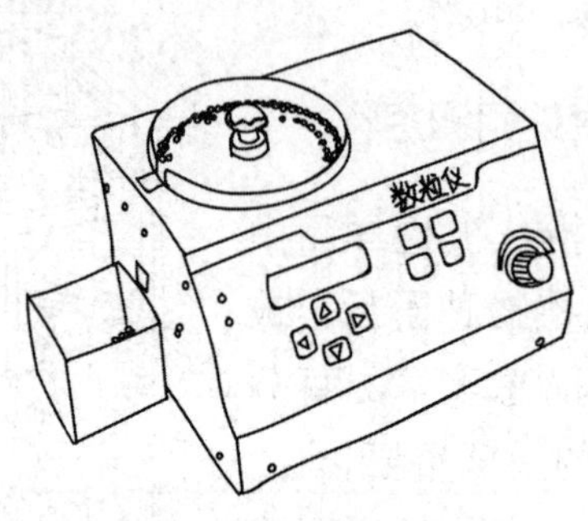

图 3-33 数粒仪

一般采用人工数种，也可借助百粒板或数粒仪进行数种。测定某个种或品种的标准千粒重时，应收集不同地点、田块和不同年份采收的样品，进行测定和计算，以使千粒重具有广泛的代表性。

47. 种子发芽率如何测定?

发芽率是指种子在发芽试验终期（规定的末次统计），全部正常发芽种子数占供试种子数的百分率。发芽率可用于反映有生活力种子的数量。通常在实验室控制及标准条件下对种子发芽率进行检测。测定天数依草种而异，一般为 7～28d，苜蓿为 10d。

先选净种子，充分混匀，随机取 400 粒种子。每 100 粒为 1 次重复，共 4 次重复。然后，将种子置于垫铺滤纸的培养皿中。种子之间应保持一定距离，以减少相邻种子的影响和病菌

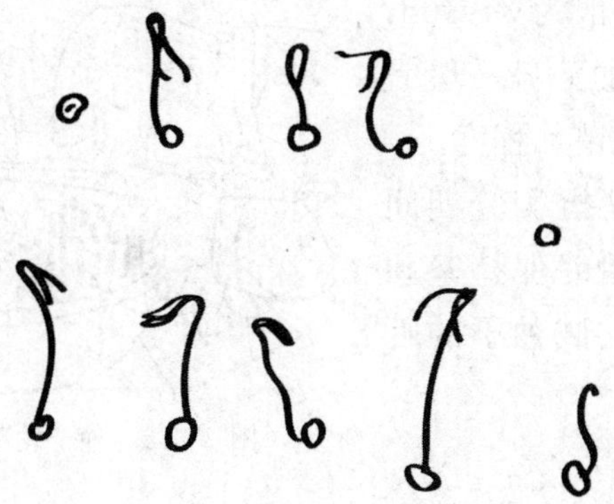

图 3-34　苜蓿种子发芽的各种状态

的相互感染。盖好培养皿上盖，置于发芽箱中保持 20℃恒温，每日 16h 光照，8h 黑暗。发芽床要始终保持湿润。

初次计数为第 4d，末次计数为第 10d。首次记数后，应每隔 1～2d 记数一次，记录符合规程标准的正常种苗。将明显死亡的腐烂种子取出并记数。末次记数时，分别记录所有正常种苗、不正常种苗、硬实种子、新鲜未发芽种子和死种子数。

末次观察结束后，计算每一重复的正常种苗、不正常种苗、硬实种子、新鲜未发芽种子和死种子分别占供试种子的百分率。其中正常种苗的百分率为发芽率，计算 4 次重复的平均数。

$$\text{发芽率}(\%)=\frac{\text{发芽终期全部正常发芽的种子数}}{\text{供试种子数}}\times 100\%$$

48. 种子发芽势和硬实率如何测定？

发芽势是指在标准环境条件下，发芽试验初期初次计数时，正常发芽种子数量占供试种子数量的百分比。测定天数依草种而异，一般为 3～10d，苜蓿为 4d。发芽势一般表明出苗速度及苗壮程度。

硬实率是指实验期间不能吸水而始终保持坚硬的种子数占供试种子的百分比。

图 3-35　种子发芽试验

图 3-36　硬实种子

（五）苜蓿品质评价

49. 干草品质如何评价？

苜蓿干草品质评价包括感官评定和理化指标评价。好的苜蓿干草应该是表面绿色或浅绿色，无异味或有干草芳香味，无霉变，茎叶保存比较完整。感官评判后进行理化指标评价。

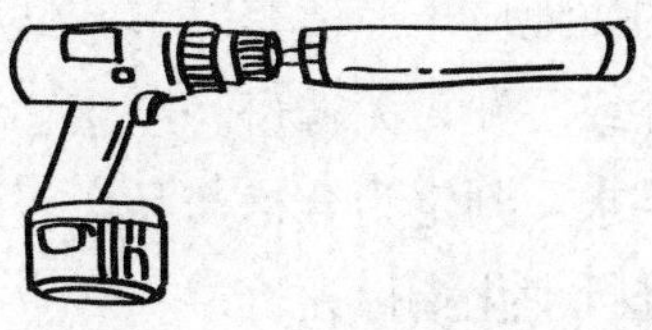

图 3-37　苜蓿草取样器

按照《饲草产品抽样技术规程 NY/T 2129—2012》的规定进行干草样品采集，然后进行理化指标测定。不符合感官要求的为不合格产品。参照团体标准《T/CAAA 001—2018 苜蓿　干草质量分级》，合格产品通过以粗蛋白、RFV、杂草含量三个指标确定等级（附录 6）。干草样品的 3 个指标各自找对应等级，最后等级以三者中最低等级为准。

图 3-38　苜蓿干草质量分级

50. 青贮和半干青贮品质如何评价？

青贮、半干青贮苜蓿的品质评价同样包括感官评定和理化指标评价。感官评定包括颜色、气味和质地 3 个方面。合格草产品的颜色应为亮黄绿色、黄绿色或黄褐色，无褐色和黑色。合格草产品的气味应为酸香味或柔和酸味，无臭味、氨味和霉味。合格草产品的质地应干净清爽，茎叶结构完整，柔软物质不易脱落，无黏性或干硬，无霉斑。经感官评定，颜色、气味和质地符合品质要求，判定为合格产品，否则判定为不合格产品。感官评定后进行理化指标评价。

按照《饲草产品抽样技术规程 NY/T 2129—2012》的规定进行样品采集，然后进行理化指标测定（附录7和附录8）。经感官评定，颜色、气味和质地符合品质要求判定为合格产品，否则判定为不合格产品。参照团体标准《T/CAAA 003—2018 青贮和半干青贮饲料　紫花苜蓿》，合格产品可通过苜蓿青贮和半干青贮饲料的质量分级指标确定等级。如果各指标均同时符合某一等级时，则判定所代表的批次产品为该等级。当有任意一项指标低于该等级指标时，则按单项指标最低值所在条块等级定级。

图 3-39　苜蓿裹包青贮取样

四、抗逆性状评价

（一）苜蓿抗寒性评价

51. 为什么进行抗寒性评价？

我国北方地区气候寒冷，苜蓿存在越冬率低、返青慢、产量低等现象。苜蓿品种抗寒性的强弱直接关系着能否安全越冬和产量。因此，培育和筛选抗寒性优良的苜蓿品种，有利于提高种植户和企业的收益，避免因冻害造成重大损失。

图 4-1　苜蓿的抗寒性评价

52. 如何选择田间试验点？

田间测试地点应选择在冬季寒冷地区，气候条件等能够使越冬率差的品种受到伤害且部分植株死亡，并可明确区分越冬率中等和越冬率高的品种。一般选择我国的东北以及内蒙古等寒冷地区为紫花苜蓿越冬性测试区域，全年≥10℃积温为1 800～2 500℃，无霜期为90～140d。一般至少需要在两个不同测定地点进行两个越冬年以上的测定。

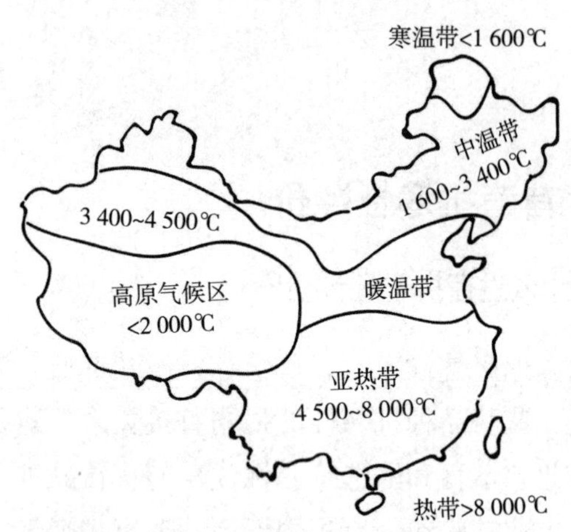

图4-2　我国部分区域的温度带示意图

53. 如何建植评价试验田？

首先进行温室育苗。选用沙、土或沙与土的混合物作为播种的基质。基质应无毒无虫、透气排水良好、pH稳定。建议基质pH为7左右。将基质填入育苗盘或育苗杯，再将种子均匀地点播在基质中，播深2～3cm。播种后采用浸盘或喷雾淋

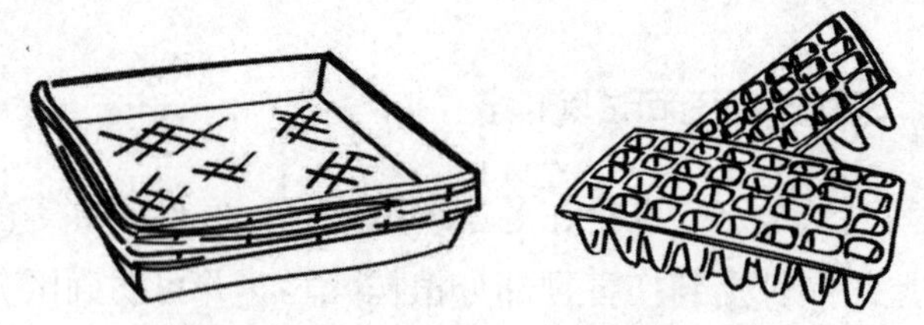

图4-3　育苗盘（左）和育苗杯（右）

湿的方法湿透育苗盘或育苗杯的基质。播种设置 3～6 个重复，每个重复不少于 25 株。温度控制在 24～30℃。每天光照长度不少于 16h。在基质出现干燥时应及时用清水喷湿喷透。待苗出齐后，要略将温度下调，以避免温度过高导致出现幼苗细弱现象。幼苗生长 8～12 周即可移栽至田间。

然后进行田间建植。将育好的幼苗在 5 月底至 6 月初移栽至田间。也可在田间直接穴播种子，出苗后再进行间苗。幼苗的行距为 0.6～1.0m，株（穴）距为 0.3～0.4m。至少 4 次重复。小区面积至少为 $6m^2$，小区间距 1m。

图 4-4　田间移栽建植

注意防控病虫害和杂草。根据需要，及时浇水，保持紫花苜蓿正常生长。每年最后一次刈割之后，不再进行冬灌。秋天根部不进行覆土。每年最后一次刈割时间，可根据当地实际确定，以便能更大程度地区分不同的品种。刈割留茬高度 5cm 左右。根据当地情况，冬季可以选择除去积雪，使越冬性的评定更加准确。

54. 如何进行指标测定？

首先要对各品种的待测植株进行总体观测，包括越冬前和越冬后两次测定。越冬前测定在每年最后一次刈割之后、第一次严重霜冻出现之前进行。计算每个重复小区死亡植株的数量和存活的植株数量。死亡植株的数量将不再列入来年越冬率统计的范围。越冬后测定的时间为建植以后的每年春季，所有存活的植株已经返青之时。

其次，开展植株越冬长势评分。对植株逐一进行越冬长势评价（附录9）。越冬长势分为无损伤、轻微损伤、重大损伤、严重损伤和死亡5个级别。将越冬长势的每个级别对应赋分，依次为1、2、3、4、5。

图4-5　苜蓿受冻害

最后，开展越冬长势评分的数据处理分析。数据处理分析分两步进行。首先，计算每个重复中越冬植株长势平均得分，计算公式为：每个重复的越冬植株长势平均得分=每个越冬植株长势赋分之和/株丛总数。然后，计算测定品种越冬长势平均得分，计算公式为：测定品种越冬长势平均得分=每个重复的越冬植株长势平均得分之和/重复数目。

55. 如何进行抗寒性评价？

把对照品种的越冬长势平均得分，作为紫花苜蓿品种越冬性评级的标准分值。紫花苜蓿品种的越冬性可分为1～6级(附录10)。

测定品种越冬长势平均得分所在的越冬性级别，作为该品种的越冬性等级。等级越低，越冬能力越强。测定结果中，1级和3级，2级和4级，3级和5级，4级和6级测定品种应该具有明显差异。

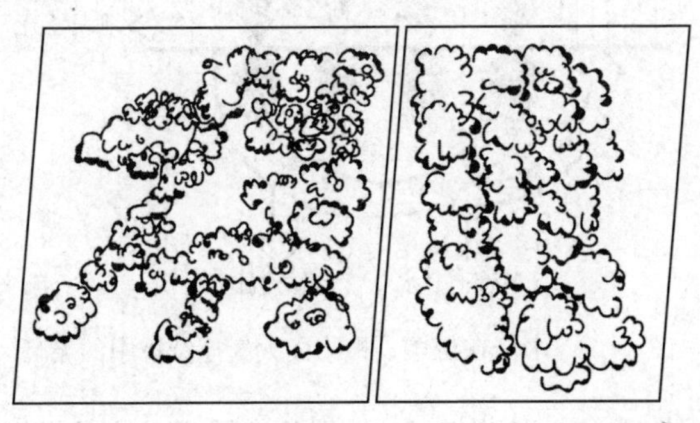

图4-6 低越冬率（左）与高越冬率（右）的苜蓿品种对比

（二）苜蓿抗旱性评价

56. 什么是抗旱性?

抗旱性是指植物在缺水条件下所具有的忍受能力或抵抗特性。我国紫花苜蓿栽培主要在广大北方地区，多数地区干旱少雨。干旱是造成牧草产量下降最主要的自然灾害之一，经常给生产企业和种植户造成较大的经济损失。培育、种植抗旱苜蓿品种是缓解干旱胁迫、提高干草产量的重要措施。

那么，抗旱性评价应该在什么时候进行呢？抗旱品种有什么特殊表现呢？人们发现，苜蓿苗期对水分缺乏较为敏感。干旱胁迫不仅威胁幼苗生长，而且对后期产量和越冬等都有影

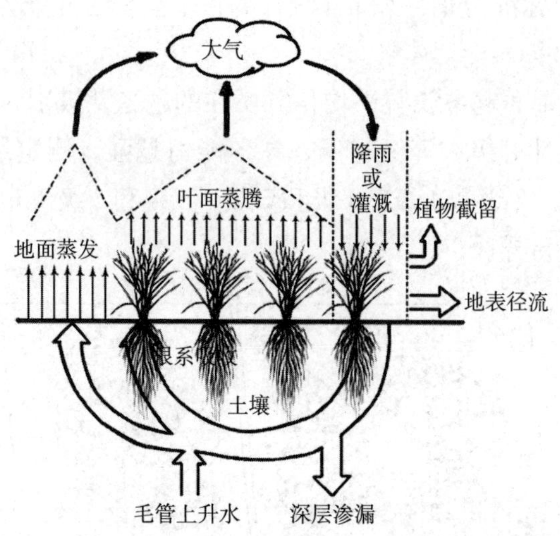

图 4-7　水分在土壤、植物和大气连续体中的循环

响。一般来说，生长发育和产量指标是鉴定抗旱性的可靠指标。在作物苗期抗旱性评价中，干旱处理下的存活率常被作为一个标准指标。幼苗的干旱存活率越高，作物抗旱性越强。

57. 如何建植评价试验田？

抗旱性鉴定技术有很多。在常年干旱的地区，可以在受干旱胁迫的田间，直接按作物的受害表现程度或产量进行抗旱性评价。根据条件和需要，也可以同时设置旱地和水浇地的对比试验。以下是进行苜蓿田间抗旱性评价的主要技术环节。

采用随机区组设计，3 次重复。每个小区面积 15m^2，长 5m，宽 3m。

播种前了解试验地的土质和肥力状况。种床要耙平，没有大的土块。

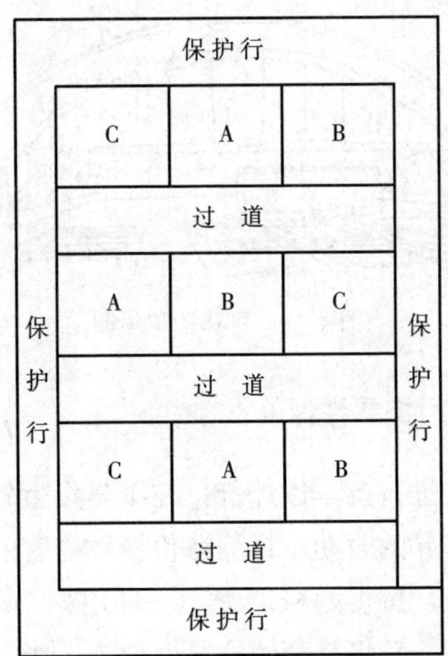

图4-8 苜蓿品种抗旱性田间评价试验例图

播种方式为条播。行距30cm。每个小区播种10行。播深1～2cm。播后用脚踩一下，作为镇压。播种量15g/小区（种子萌发率>80%）。

播后立即浇水。待出苗后及时查苗补种或补苗。及时清除田间杂草，做好病虫害防控。根据需要，及时浇水施肥，满足参试品种正常生长发育的水肥需要，保证待评价的材料生长状态尽量一致。

58. 如何进行干旱胁迫处理？

当苜蓿生长到三叶期时，停止灌溉，进行干旱胁迫处理。在靠近胁迫处理的试验地同时设置对照处理。对照处理的土壤条件、管理措施等与干旱胁迫处理保持一致。对照处理要及时浇水，保持紫花苜蓿正常生长。

图 4－9　可移动防雨棚

59. 如何进行抗旱性评价？

采用目测法进行抗旱性评价。在干旱发生较严重、不同品种材料有明显差异的时期，目测评价植物受害的情况。各小区采用 5 点取样法，每点随机调查 20～40 株，观察苜蓿的抗旱表现进行打分。一般将苜蓿的抗旱性分为 5 级，具体等级见附录 11。统计各品种各株的平均分数，可得到试验材料的抗旱性排序。

图 4－10　苜蓿抗旱性评价

（三）苜蓿耐盐性评价

60. 什么是耐盐性？

耐盐性是指植物耐受高浓度盐类环境而生长发育的特性。紫花苜蓿是耐盐性较强的优良豆科牧草，在中性或轻度盐碱土壤中生长良好。我国有盐碱地 4 亿亩[①]左右。土壤的盐渍化使草地退化、生态环境恶化、农业减产。我国滨海盐碱地区具有栽培苜蓿改良利用盐碱地的悠久历史。培育、选择、种植耐盐的紫花苜蓿品种，不仅可以增加优质的蛋白饲草，而且可以大大提高盐碱地的利用率，降低盐碱地改良的成本。

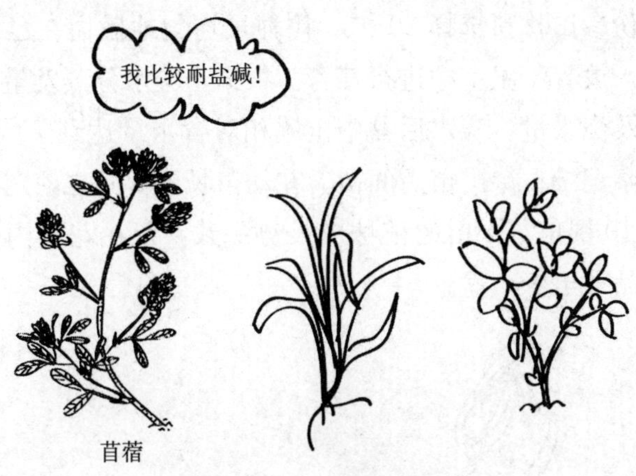

图 4－11　苜蓿耐盐性评价

那么，耐盐性评价应该在什么时候进行呢？耐盐品种有什么特殊表现呢？由于紫花苜蓿在发芽期、苗期对盐比较敏感，

① 亩为非法定计量单位，1 亩≈667m^2，下同。

生长后期相对不敏感，因此人们对苜蓿耐盐性评价多集中在萌发时期和幼苗期。常用的苜蓿耐盐性筛选指标主要包括发芽率、发芽势、存活率、株高、根长、干重等。必须强调，利用单个指标选择耐盐性品种具有一定的局限性，很难说明苜蓿的耐盐性强弱，需要综合各个指标进行整体分析，对苜蓿的耐盐性进行综合排序。

61. 如何在温室内培养幼苗?

取大田土壤，去掉石块、杂质，捣碎过筛。采取随机取样法，抽取少量土壤用于以后的盐分测定。将过筛后的土壤装入无孔的塑料花盆中。根据土壤含水量将花盆中的土壤重量换算成干土重。每盆装入干土 1.5kg。

每份参试材料选择 20～30 粒种子均匀地撒播在已装好土的花盆，放置于温室中进行培育。根据土壤水分蒸发量计算浇水时间及浇水量。浇水后盆中土壤相对含水量达到 70%左右。每日观察记录。待出苗后间苗。在幼苗长到 3 叶之前定苗。每盆保留 10 棵苗。保留的植株应长势一致，留在花盆内分布均匀。每品种至少 4 盆。

图 4－12　温室内培养苜蓿幼苗

62. 如何进行盐胁迫处理?

当幼苗生长到 3～4 叶期时进行加盐处理。按每盆土壤干重的 0.4%计算好所需加入的氯化钠（化学纯量）。将氯化钠溶解到一定量的自来水中，配置盐溶液。每个处理设 3 次重复。对照处理加入等量的自来水。

盐处理后及时补充蒸发的水分，使盆中土壤含水量维持在 70%左右。盐处理 18d 后取样测定生理生化指标，25d 后测定生物学指标，30d 结束试验。

图 4－13　温室内进行盐胁迫处理

63. 如何进行耐盐性评价指标测定?

苜蓿耐盐性评价指标主要包括株高、存活率和总生物量三项指标。

株高是指每株幼苗从地表面到植株最高点的绝对高度。用直尺测定，每盆测定 3 株。以 9 个株高平均值作为株高。

根据材料叶心的枯黄判断植株死亡与否。观察每盆中存活植株的数量，记作存活苗数。计算存活率的公式为：存活率＝盐处理后存活苗数/原幼苗总数×100%。

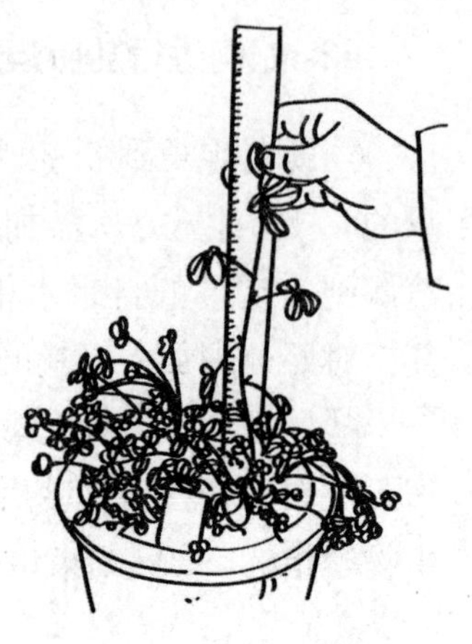

图 4－14　苜蓿株高测定

总生物量为地上生物量和地下生物量之和。在盐处理后 30d，用剪刀齐土壤表面剪下植株地上部分。用自来水洗净后，105℃杀青 0.5h，85℃下烘干 12h 至恒重，记取干重（精确到 0.01g）。3 盆材料地上生物量干重的平均值作为地上生物量干重。测定完地上生物量后，将花盆中的土壤用纱布过滤冲洗，收集地下生物量，挑出杂质。105℃杀青 0.5h，85℃下烘干 12h 至恒重，记取干重（精确到 0.01g）。3 盆材料地下生物量干重的平均值作为地下生物量干重。

64. 如何进行耐盐性综合评价？

综合评价采用打分法。根据紫花苜蓿各个指标变化率的大小进行打分。指标变化率是指某一指标盐处理的测定值与对照测定值的差值，占对照测定值的百分比。把每一种指标的最大变化率与最小变化率之间的差值均分为 10 个等级，每一等级

图 4－15　综合评价打分

为1分。在各个指标中均以盐伤害最轻的材料得分最高，即10分；盐伤害最重的材料得分最低，即1分。依此类推，最后把各个指标的得分进行相加得到紫花苜蓿的耐盐性总分。根据紫花苜蓿的耐盐性总分可得到紫花苜蓿的耐盐性排序。

（四）苜蓿抗病性评价

65. 什么是抗病性？

所谓抗病性是指寄主对病原物及其有毒产物的抵抗性、不感性或少感受性。抗病性是相对的。从广义上讲，某一品种不感染或不发生某一病害，或虽然发生但程度较轻，或产量损失较小，都可以叫做抗病。

图4-16　病害防除

66. 如何进行田间抗病性评价？

选择病害发生较严重的时期，在田间调查苜蓿病害发生情况。记录调查日期、调查地点、病害种类（病害名称）、苜蓿

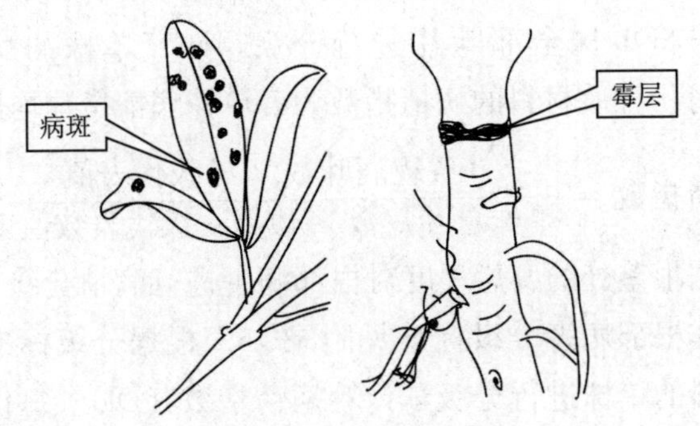

图4-17　苜蓿褐斑病（左）和根腐病（右）

生育时期及气候条件（温度和湿度）。调查小区内采用五点取样法，每点随机调查20～40株（枝），至少选择3个小区进行调查，计算发病率。根据发病率将抗病性分为5级。分级标准见附录12。

67. 如何进行人工接种抗病性评价？

人工接种抗病性评价包括四个步骤。第一步是幼苗培育。苜蓿种子经0.1%升汞消毒3min，灭菌水冲洗4次后，置于铺有海绵和滤纸的培养皿内，加适量灭菌水，之后放入25℃的生长箱内发芽2d。将发芽种子点播于装有消毒土壤的花盆中，每盆10株。3个重复。20～25℃温室内生长45～60d。第二步是人工接种。不同的病害通常需要采用不同的接种方法。病原菌接种方法主要包括孢子悬浮液喷雾接种法、米粒体接种法和病叶覆盖接种法。每种方法的具体适用范围和操作步骤见附录13。

第三步是病害调查与病情分级。病害分为叶部病害和根部病害。

根据单个叶片病斑占叶片面积的百分比对叶部病害进行病情分级，共分6级。具体叶部病害分级标准见附录14。根据分级标准将单株全部叶片进行分级，计算单株的病情指数（DI）。每份种质材料的病情指数为各单株病情指数均值。

$$\text{病情指数}=\frac{\sum(\text{各级病叶数}\times\text{各级代表值})}{\text{单株总叶片数}\times\text{最高一级代表数值}}\times 100\%$$

根据根茎处的腐烂程度对根部病害进行病情分级，共分6级。具体根部病害分级标准见附录15。根据分级标准将每份种质材料的单株进行分级，计算病情指数（DI）。每份种质材料的病情指数为各单株病情指数均值。

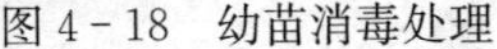
图 4-18　幼苗消毒处理　　　　图 4-19　悬浮液喷雾接种

$$病情指数=\frac{\sum(各级病株数\times各级代表值)}{调查总株数\times最高一级代表数值}\times 100\%$$

第四步是抗病性评价。根据病情指数（DI）对各种质材料的抗病性进行评价。苜蓿抗病强弱包括 5 个等级。抗病性分级标准见附录 16。

（五）苜蓿抗虫性评价

68. 什么是抗虫性?

抗虫性是指寄主植物所具有的抵御或减轻昆虫侵害或危害的能力。在同样的栽培条件下，害虫数量达到虫害水平的情况下，与感虫品种相比，抗虫品种可免受害虫危害或受害较轻。

那么，为害苜蓿的主要害虫有哪些呢？据调查，我国苜蓿害虫的主要种类有蚜虫类、蓟马类、盲蝽类、象甲类、鳞翅目幼虫类、叶蝉类、蝽类、苜蓿籽象、苜蓿籽蜂、地下害虫类等。各类害虫主要为害苜蓿幼苗、食叶、食茎、取食破坏花器、取食种子，影响苜蓿草和种子的产量和品质。有些甲虫还可取食苜蓿干草，造成一定的产量损失。近年来，我国高度重视发展综合性的害虫治理体系，将栽培、化学、物理和生物等治理方法综合应用。在整个治理体系中，培育、鉴定、筛选优良的抗虫品种对害虫防治具有较为重要的作用。

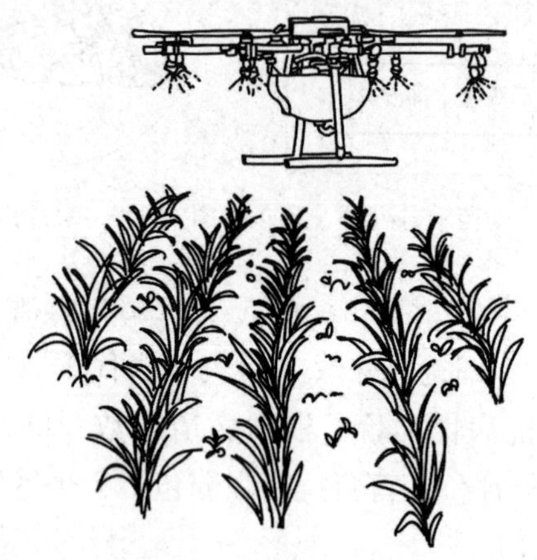

图 4-20　无人机喷药

69. 如何进行田间抗虫性评价?

在自然条件下对种质资源和育种材料进行抗虫性鉴定评价是常用的鉴定方法。田间鉴定的指标很多，主要包括被害率、死苗率、产量损失率等。

随机区组设计。3 次重复。小区面积为 $10m^2$（2m×5m）。试验地周围设 1m 的保护行。评价材料种子较多时可直接播种。一般采取条播，行距 30cm。也可采用穴播，每穴 2～5 粒种子，行距 0.6～1.0m，株距 0.3～0.4m。出苗后定苗，每穴 1 株。鉴定前不施任何化学农药，以保证害虫和天敌自然生长。鉴定不少于 2 个生长年度。种子量少、珍贵的品种（材料）可育苗移栽。将穴盘或苗床育成的 8～12 周龄的植株，按设计的株行距移栽到鉴定圃中。

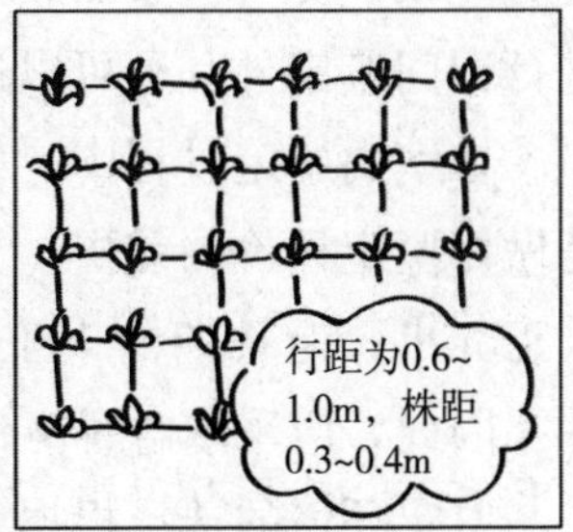

图 4－21　田间建植

在虫害发生较严重的季节，目测植物受害的情况，同时记载虫害的种类、危害时期、寄主的生育期及气候条件（温度和湿度）。每个观察材料设 3 次重复（3 个小区）。小区内采用 5 点取样法，每点随机调查 20～40 株（枝），统计虫口数量及植株的受害情况，计算植株受害率。

根据植物受害情况，将植物的抗虫性分为 5 级，分级标准见附录 17。

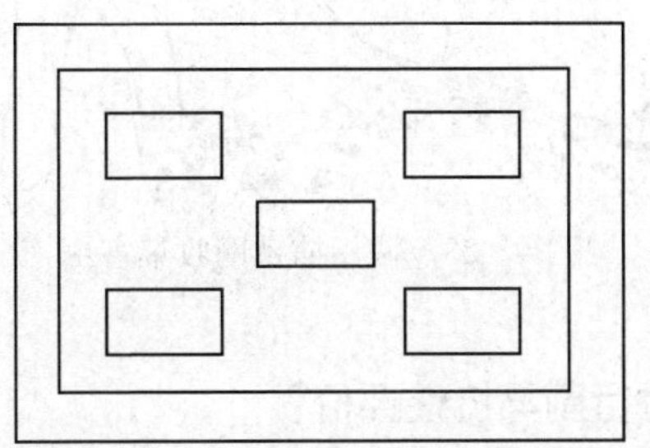

图 4－22　田间 5 点取样法

70. 如何进行室内抗虫性评价？

在自然条件下根据虫害为害情况进行抗虫性鉴定，往往受环境条件的影响较大。在许多情况下，因植物完全没有受害虫危害，或者受害过重而致死，都会导致鉴定失败。因此，除了进行田间鉴定外，还可以进行室内鉴定。

在室内鉴定过程中，保持一定数量且均匀一致的害虫群体是做好鉴定评价的前提。为了获得最适的害虫群体，往往需要人工养虫。但长期的人工养育会使害虫发生衰退，致害力降低。因此，应采取各种方法使虫源得到保障。

鉴定环境的选择根据害虫种类和研究的具体要求而定。鉴定环境的范围越小，越易于保持人为控制，因而精度高，易于定量表示。室内鉴定的程序主要包括苜蓿幼苗培育、害虫收集与培养、为害处理、评价打分。但室内试验结果的局限性也很大，所以不能取代复杂的田间鉴定。

图 4-23　使用捕虫网收集害虫

71. 如何进行蓟马抗性评价?

在田间开展抗性鉴定。评价前一年播种，秋播或春播均可。每份材料（品种）种植一个小区。小区面积 $10m^2$（10m×1m）。每个小区种植 2 行（行长 10m，行距 0.25m）。无重复。田间管理与大田保持一致。不施任何化学农药，以保证田间蓟马和天敌自然生长。

在蓟马危害的高峰期，对田间苜蓿材料进行蓟马虫口密度的田间调查。各小区采用5点取样，每点取10个枝条，分别统计各材料蓟马数量和植株受害情况。计算公式如下。

$$每枝条蓟马数=\frac{调查枝蓟马总数}{调查枝条数}$$

$$感染枝条率=\frac{感染枝条数}{调查总枝条数}$$

$$蓟马量比值=\frac{各材料每枝条蓟马数}{全部材料平均每枝条蓟马数}$$

计算2年共10个重复（5点取样/年×2年）蓟马量比值的平均值。将抗性分为6级，即：高抗（HR）0～0.30，中抗（MR）0.31～0.60，低抗（LR）0.61～0.90，低感（LR）0.91～1.20，中感（MS）1.21～1.50，高感（HS）>1.50。

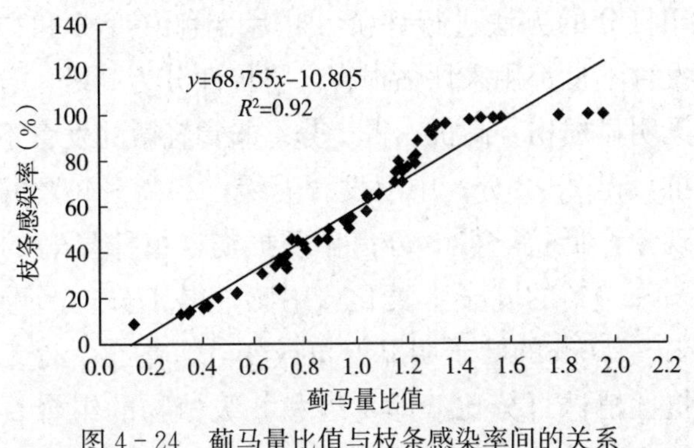

图4-24　蓟马量比值与枝条感染率间的关系

72. 如何进行马铃薯叶蝉抗性评价?

在温室内培育用于抗性鉴定的植株。容器为平盘或花盆。介质为沙子、土壤或盆栽混合土。温室内日平均气温控制在24～30℃，每天16h光照。随机区组设计。3～6次重复。每个重复25株。播种种子1cm深，用蛭石覆盖。

5月中下旬将8～12周龄的植株移栽至田间。行距0.6～1.0m，株距0.3～0.4m。试验地点应限于马铃薯叶蝉种群经常造成危害的地区。建植当年，当易感对照材料表现出严重且一致的发育迟缓和发黄症状时，可以进行评级。需要注意，对马铃薯叶蝉的抗性可能因所用种子的世代不同而异。

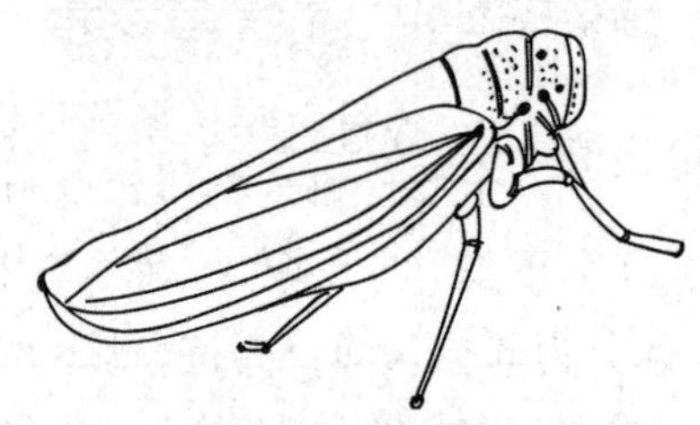

图4-25　大青叶蝉

采用打分的方法进行评价。叶片变色（变黄和/或变红）和植物发育不良都用来评估损害。将抗性分为5级，分级标准如下。无明显损伤，高抗，得1分；非常轻微的发育不良和发黄，中抗，得1～2分；中度发育迟缓，20%～40%的叶片出现黄化现象，低抗，得3分；显著损伤，植株显著的发育迟缓，40%～60%的叶子上黄化，中感，得4分；严重发育不良，60%～100%的叶子明显变黄或变红，高感，得5分。通过计算抗性植株百分比（即1级和2级植物的组合百分比），可以描述苜蓿材料对马铃薯叶蝉的抗性（附录18）。

73. 如何进行叶象抗性评价？

在田间开展抗性鉴定。评价前一年播种，撒播或条播。小区面积至少4.5m^2。重复4次。在春季或初夏，通过叶象成虫产卵导致幼虫危害，最终造成自然为害处理。可以通过在秋季收集成虫的方式，来提高充分侵害的几率。将成虫保存在培养箱中，温度设置为4℃，用湿纸巾覆盖。在春季每 0.1m² 释放 1～2 个成虫。每个单株需要 2～3 个幼虫，导致抗性对照材料至少 20%～30%的落叶。

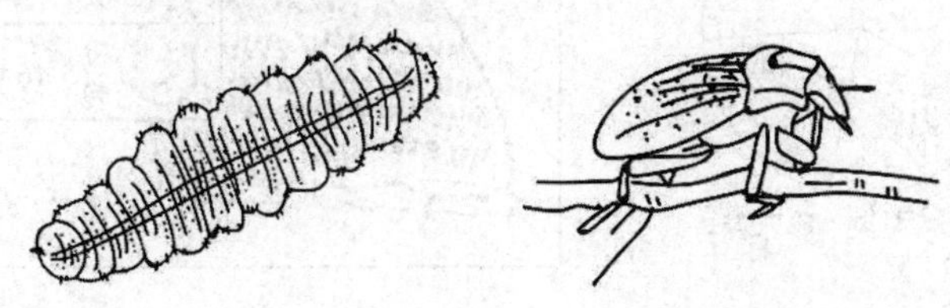

图 4－26　苜蓿叶象甲幼虫（左）与甜菜象甲（右）

以每个入选材料的全部可用叶片为基础，评估落叶的比例。以标准抗性材料 Arc 作为基础数据 100，将每个入选材料的剩余叶片换算为百分数（附录 19）。例如，Arc 和 Saranac 分别有 30%和 60%的落叶，则 70 和 40 分别是 Arc 和 Saranac 剩余叶片的数量。那么，标准抗性材料 Arc 的抗性值设为 100，Saranac 的相对值应为 57，计算过程为 70∶40＝100∶57。

每个季度至少进行两次评估，至少评估 2 年，从而准确评估每个材料的表现。

74. 如何进行豆无网长管蚜抗性评价?

在温室内培育用于评价的植株。容器为平盘，6cm×31cm×55cm 或类似规格。介质为混合土壤，沙子∶泥炭∶珍珠岩＝8∶3∶3，1.4%体积比的石灰。气温 20±7℃，每天 16h 光照。随机区组设计。最少 3 次重复。每个重复 60～70 株。株距和行距均为 3cm。播深 1cm，蛭石覆盖。

实验处理所需的蚜虫是从苜蓿田里收集的，每年重新补充。利用敏感材料，例如品种 Ranger、Caliverde 或 OK08，在温室内培育蚜虫。白天 20℃，夜晚 16℃，每天光照 16h。收集蚜虫的最佳方法是通过轻拍受侵染的枝条进行收集。

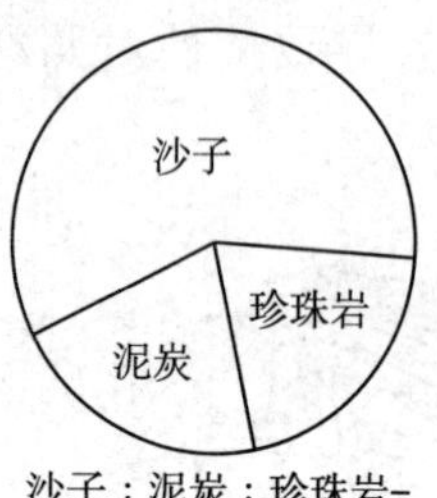

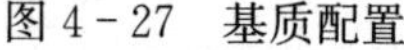

图 4－27　基质配置

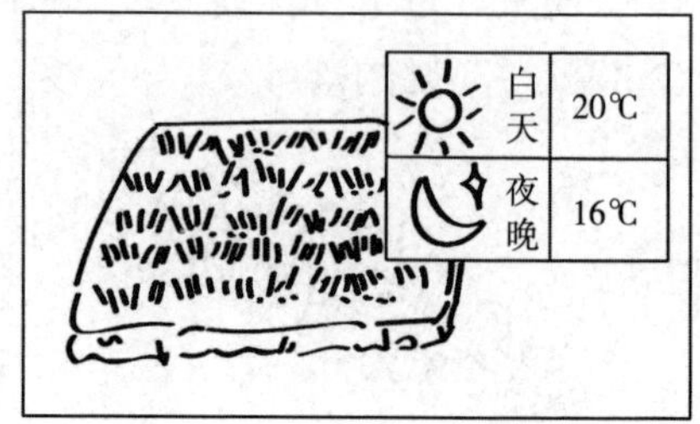

图 4－28　豆无网长管蚜培养

处理时间为出苗后 1d，子叶期。处理时重新统计幼苗数量。处理方法是将蚜虫喷洒在种苗上。每棵种苗最少 2 个蚜虫，必要情况下应增加虫口密度。约 21～28d 后喷施马拉硫磷或二嗪农以终止为害处理，7～10d 后进行评级。

采用打分方法进行评价（附录 20）。依据虫害严重程度和受害植株比例给出评价分值，分为 5 级。分级标准如下：正常的三出复叶，高抗，1 分；较小程度缺绿，中抗，2 分；部分缺绿且萎蔫的三出复叶，低抗，3 分；更大程度的缺绿且萎蔫，植株矮，低感，4 分；死亡，高感，5 分。通过计算抗性植株百分比（即 1 级和 2 级的百分比），评定苜蓿材料对豆无网长管蚜的抗性。

75. 如何进行苜蓿蚜抗性评价？

在温室内培育用于鉴定的植株。容器为平盘，6cm×25cm×51cm 或类似规格。介质为商品盆栽土。平均气温（20±7)℃，每天 14h 光照。随机区组设计。4 次重复。每个重复 30～40 株。株距和行距均为 3cm。播种前用杀菌剂处理种子。播种

1cm深，蛭石覆盖。

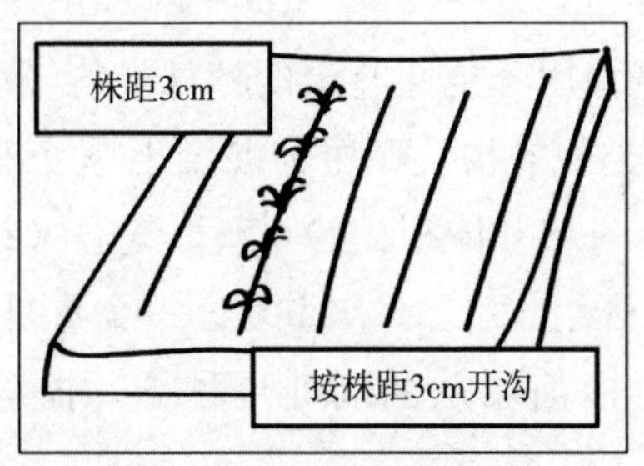

图 4-29 幼苗培养

实验处理所需的蚜虫是从苜蓿田里收集的，每年重新补充。通过轻拍受害植株的枝条进行收集，或者使用复网和吸虫器收集蚜虫。利用敏感苜蓿材料，例如品种 Ranger 或 Vernal，或小扁豆在温室内培育。温度（20±7）℃，每天光照 14h。

处理时间为出苗后 1d，子叶期。为害处理时重新统计幼苗数量。处理方法如下：刈割蚜虫数量较多的枝条，放置在平板上，待蚜虫迁移至待测植株上后，将枝条移除。或者将蚜虫喷洒在种苗上，每棵种苗 4～10 个蚜虫。约 28d 后喷施杀虫剂（例如合成拟除虫菊酯）终止为害处理，7d 后进行评级。

采用打分的方法进行评价，将抗性分为 5 级（附录 21）。分级标准如下：正常的三出复叶，高抗，1 分；小的三出复叶，中高、中抗，2 分；部分发育迟缓且三出复叶面积缩小，低感，3 分；明显发育迟缓且只有单叶或偶尔缩小的三出复叶，叶片经常皱褶和黄化，中感，4 分；死亡，高感，5 分。通过计算抗性植株百分比（即 1 级和 2 级的百分比），评定苜蓿材料对苜蓿蚜的抗性。

76. 如何进行蓝苜蓿蚜抗性评价?

在温室内培育用于抗性鉴定的植株。容器为平盘，6cm×31cm×55cm或类似规格。介质为混合土壤，沙子∶泥炭∶珍珠岩=8∶3∶3，1.4%体积比的石灰。气温（22±4)℃，每天16h光照。随机区组设计。3次重复。每个重复70株。株距和行距均为3cm。播前用杀菌剂处理种子。播深1cm，用蛭石覆盖。

实验处理所需的蚜虫是从苜蓿田里收集的，每年重新补充。利用敏感苜蓿材料，例如品种PA-1，在温室内培育。温度22±4℃，每天光照16h。最佳采集方法是从侵染的茎中提取。

处理时间为出苗后1d，子叶期。为害处理时重新统计幼苗数量。处理方法是：将蚜虫喷洒在种苗上。每棵种苗至少2个蚜虫。处理约21d后喷施马拉硫磷或二嗪农以终止为害处理，7～10d后进行评级。保持温度在18～26℃范围内对蚜虫繁殖和有效抗性评价至关重要。

图4-30　观察打分

采用打分的方法进行评价，分为5级（附录22)。分级标准如下：正常的三出复叶，植株高，高抗，1分；小的三出复叶，植株高，中抗，2分；中等高度，小且卷曲的三出复叶，低抗，3分；矮，小且卷曲的三出复叶，常常缺绿，低感，4分；死亡，高感，5分。通过计算抗性植株百分比（即1级和2级的百分比)，评定苜蓿材料对蓝苜蓿蚜的抗性。

77. 如何进行苜蓿斑蚜抗性评价？

在温室内培育用于抗性鉴定的植株。容器为平盘，6cm×31cm×55cm或类似规格。介质为混合土壤，沙子：泥炭：珍珠岩＝8：3：3，1.4%体积比的石灰。气温20±7℃，每天16h光照。随机区组设计。至少3次重复。每个重复50～70株。株距和行距均为3cm。播前用杀菌剂处理种子。播深1cm，用蛭石覆盖。

实验处理所需的蚜虫是从苜蓿田里收集的，每年重新补充。利用敏感苜蓿材料，例如品种Caliverde，在温室内培育。温度26±4℃，每天光照18h。田间收集蚜虫的最佳程序是通过轻拍受侵染的枝条进行收集。

图4-31　苜蓿斑蚜

处理时间为出苗后7～8d，单叶期。为害处理时重新统计幼苗数量。处理方法是将蚜虫喷洒在种苗上。每棵种苗至少2个蚜虫。处理约18d。喷施马拉硫磷或二嗪农以终止为害，10～15d后进行评级。

采用打分的方法进行评价，分为5级（附录23)。分级标准如下：植株至少形成一个三出复叶，高抗和中抗，1～2分；

虫害侵染时，植物的发育极缓慢，低感，3 分；植株存活，但已经没有三出复叶，中感，4 分；植株死亡，高感，5 分。通过计算抗性植株百分比（即 1 级和 2 级的百分比），评定苜蓿材料对苜蓿斑蚜的抗性。

78. 如何进行根瘤象抗性评价？

在温室内培育用于抗性鉴定的植株。容器为平盘，6cm×47cm×32cm 或类似规格。介质为商品盆栽土。气温 22～25℃，每天 16h 光照。随机区组设计。5 次重复，每个重复 20～30 株。株距和行距均为 2.5cm。播深 1cm，用蛭石覆盖。在平盘的边界种植易感标准品种。评价前将边行去除。

利用复网在发生虫害的白三叶、红三叶或苜蓿田间收集成虫。储存时利用植物叶片或人工饲料饲喂根瘤象。成虫的冷藏保存时长最多为 3 个月。培养温度为 7℃。根瘤象可以用斜板饲养，也可以在盆里饲养。应选择在秋季或春季的晴朗的下午进行成虫收集工作。

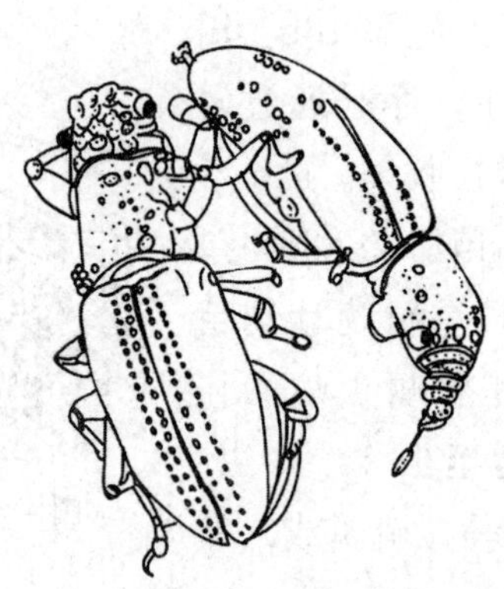

图 4－32　条纹根瘤象成虫

处理时间为出苗后 12～14d，单叶期。每棵种苗至少 1 个成虫。为害处理约6～7d。易感标准材料落叶50％以上。

采用打分的方法进行评价，分为5级（附录24）。没有叶片损失，高抗，1分；不超过25％的三出复叶被取食，中抗，2分；25％～50％的三出复叶被取食，低抗，3分；50％～75％的三出复叶被取食，低感，4分；100％的三出复叶被取食，高感，5分。通过计算抗性植株百分比（即1级和2级的百分比），评定苜蓿材料对根瘤象的抗性。

五、苜蓿基因发掘

（一）基因

79. 什么是基因?

俗话说“种瓜得瓜，种豆得豆”。春天在地里播下小麦的种子，到了秋天，我们就能收获更多的小麦。种“豆”不会得“瓜”，种“瓜”也不会得“豆”。这是丰富多彩的动植物生命有机体所特有的现象，即无论是植物体的外形、颜色、品质还是抗性，这些“性状”都能在一代代的繁衍中延续和保留下来，这种现象称为遗传。而植物体内控制遗传现象，保证植物各种性状表现，保证是“瓜”而不是“豆”的物质，则被称为遗传因子，也叫“基因”。

图 5-1　遗传的规律

80. 基因资源有价值吗?

基因资源是人类的宝贵财富，是选育优良品种的物质基础。曾经解决了19个发展中国家粮食自给问题，拯救了上百万人生命的矮秆性状，经验证明是一个赤霉素合成基因突变引起的。自那以后，矮秆基因被广泛应用于杂交育种，掀起了人类第一次绿色革命。农业的发展离不开基因资源。基因资源越丰富，就越能满足育种的需求，选育出所期望的品种。谁占有的资源多，谁就在未来的竞争中占据主动。目前，世界各国都高度重视基因资源发掘和保护，纷纷加快了基因资源开发和保护的步伐。

同时，基因资源具有不可再生性。这很容易想象得到，因为如果一个物种灭绝，那么它携带的基因资源也将随之失去。目前，全球植物物种灭绝的速度不断加快，每年都有大约3个植物物种灭绝，这还不算那些目前还未被我们发现的物种。人类可开发和利用的基因资源将越来越少，因此基因资源发掘和保护显得更加重要和刻不容缓。

图5-2 基因资源的价值

81. 牧草基因资源有什么独特性?

一些牧草植物在比较极端、恶劣环境的自然选择下，适应地产生了一系列作用机制特殊的、具有潜在应用价值的基因，形成了独特的生理生化过程和特殊的物质、能量代谢途径，具有非常重要的研究价值。

图 5-3　苜蓿的主要育种目标

82. 如何利用牧草基因资源?

因为牧草利用方式的特殊性，紫花苜蓿的育种方向主要集中在生物量、品质和抗逆性几个方面。利用传统的育种方式，牧草育种专家已经在这些方向上取得了显著的成果。但是由于选育时间长、花费高以及获得的目的性状不定向等问题，育种速度远远不能满足现代畜牧业发展的需要。

具有优异农艺性状或优良抗性的牧草种质，是牧草产业发展、生态文明建设的巨大推动力。筛选与优良性状相关的功能基因或者分子标记，然后采用基因辅助或分子标记辅助育种技术，只需要数代就可以筛选出优良种质，大大节省育种时间。利用生物工程技术，对基因进行分子改良，能够快速、显著地改良牧草的相关性状。美国孟山都公司把抗除草剂基因 Epsps 转入紫花苜蓿，成功获得了转基因抗除草剂紫花苜蓿，2018 年在美国种植面积已经超过 120 万 hm^2，取得了显著的经济效益。

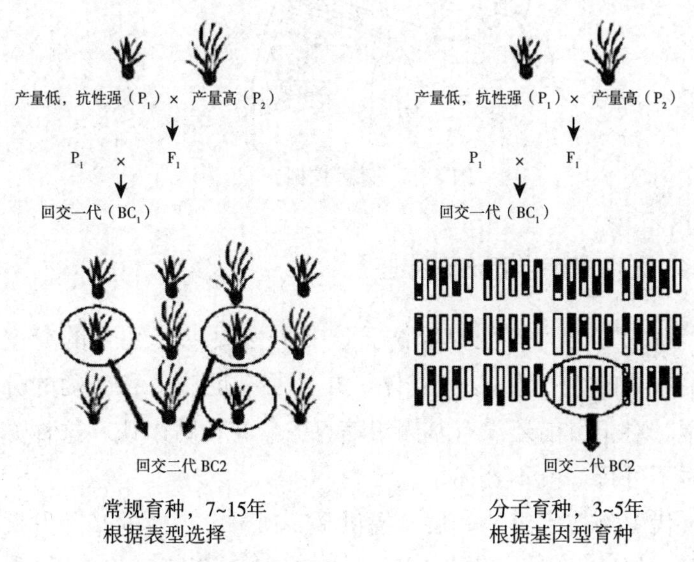

图 5-4　基因育种的优势

（二）基因挖掘的方法

83. 什么是基因发掘？

基因发掘实际上是将植物的表型（比如矮秆）与基因（赤霉素合成）联系起来的过程。这一过程可以分为两种思路：一种是从表型到基因，找到对人类有利的表型，然后通过表型找到控制基因，这种方法称为“正向遗传学”方法；另一种思路正好相反，是从基因出发追溯到表型，称为“反向遗传学”方法。

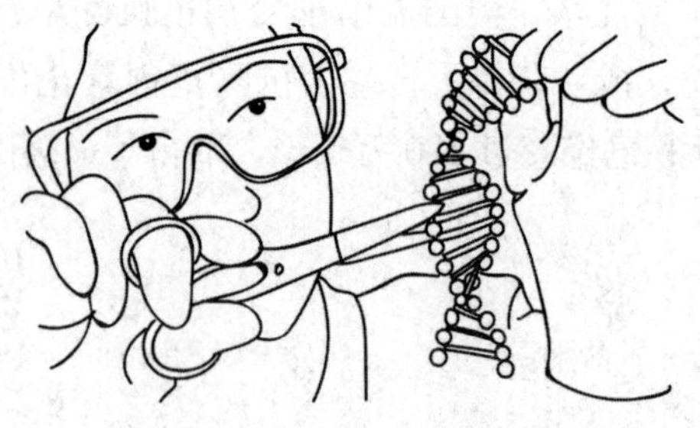

图 5-5　基因挖掘

84. 正向遗传学方法有哪些?

传统的方法为图位克隆法。这一方法要求有纯合的突变体，足够大的突变体 F_2 代群体，并且要有足够多和准确的分子标记。对于目前还没有基因组信息的紫花苜蓿来说，这种方法暂时不可行，就不赘述了。

现代生物技术迅速发展，提供了高通量、高效的基因发掘的手段。如转录组、蛋白组以及多组学基因发掘、ddGBS-全基因组关联分析（GWAS)、重测序-BSA 基因定位等方法。

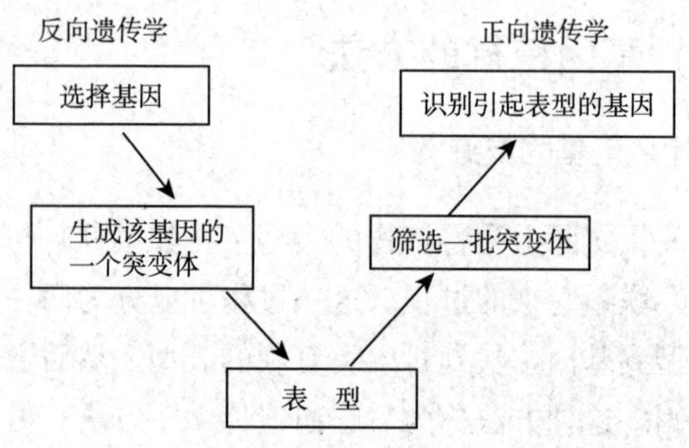

图 5-6　正向遗传学与反向遗传学

85. 反向遗传学方法有哪些?

适用于紫花苜蓿的主要方法是同源克隆+功能验证。

当我们想要获得一个物种的某个基因时，该物种（如紫花苜蓿）的基因组测序工作还没有完成，无法得到相关的信息。为了获得这个基因，可以利用生物信息学手段，从亲缘关系相近的物种，或者模式物种中寻找已经研究过或者预测过的相似度高的基因；通过序列同源性比较找出该基因的保守区，并在该保守区内设计引物，通过 PCR 扩增得到目标基因的保守区片段；然后再通过 cDNA 文库筛选或 RACE 技术获得该基因的 cDNA 全长，或者通过基因组文库筛选、染色体步移技术获得该基因的全长。上述方法称为同源克隆。

图 5-7　基因挖掘方法

86. 牧草基因资源的开发和研究有什么困难?

由于牧草植物大多数具有复杂的遗传背景和较为庞大的基

因组，使得牧草基因资源的开发难度远远高于模式植物。目前基于模式植物和粮食作物的基因资源开发的平台，尤其是数据分析和组装的软件和平台不能完全适应于牧草植物，限制了牧草基因资源的开发和利用。

图 5－8　牧草基因资源开发和研究的困难

（三）同源克隆在发掘苜蓿基因资源中的应用

87. 同源克隆的主要流程是什么？

首先选定模式物种中与所研究苜蓿性状（高产、优质、抗逆）有关的关键基因，利用 blast 工具在相关基因组数据库中检索该基因的同源基因，获得序列信息。常用的数据库网站如下：

NCBI：https：//www. ncbi. nlm. nih. gov/

LEGUME：https：//www. legumeinfo. org/

ALFALFA：https：//www. alfalfatoolbox. org/? tdsourcetag=s _ pcqq _ aiomsg

利用与研究性状相对应的条件处理苜蓿材料。比如，该基因是抗旱相关的基因，那么就用干旱条件处理苜蓿材料。然后收集被处理的组织（如叶片），提取材料的总 DNA 或 RNA，RNA 反转录为 cDNA。目前植物 DNA/RNA 提取和 cDNA 反转录都有商业化的试剂盒可以使用。

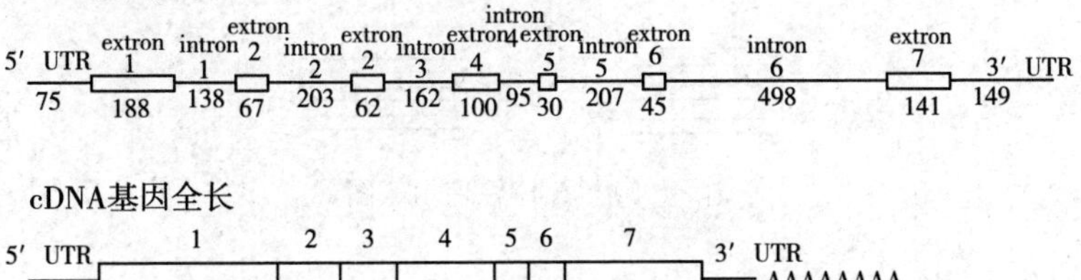

图 5-9　DNA 和 cDNA

利用检索到的序列，设计引物，根据聚合酶链式反应（PCR）的原理，从紫花苜蓿 cDNA 和/或基因组 DNA 中克隆该基因。这里所说的引物就是一段人工设计，并化学合成的脱氧核苷酸的短链。引物脱氧核苷酸的序列与准备克隆基因的一段核苷酸序列是互补的。

88. 什么是聚合酶链式反应?

上面提到的一项重要的聚合酶链式反应，也就是常说的 PCR 究竟是什么呢？PCR 反应实际上是 DNA 的体外扩增技术，是在实验室中模拟了 DNA 在体内的半保留复制过程。反应体系中包括了 DNA 模板也就是上面提取的组织 DNA 或 cDNA、引物、DNA 聚合酶、四种 dNTP 原料和进行反应所需要的缓冲液。反应过程主要包括变性、退火和延伸三个过程。如此经过 25～30 个循环，就可以使所需要的 DNA 片段得到扩增。

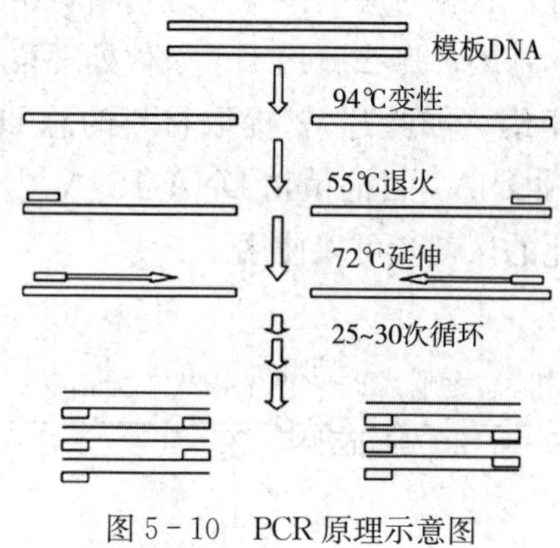

图 5-10　PCR 原理示意图

89. 什么是 RACE 技术?

如果在苜蓿的数据库中没有找到同源基因的全长序列信息，但是这个基因我们又很想得到，那么就需要用到另外一种方法：RACE。RACE 技术（rapid - amplification of cDNA ends）是基于 PCR 技术，由已知的一段 cDNA 片段，通过往两端延伸扩增从而获得完整的 3′端和 5′端的方法。其优势是免去了构建 cDNA 文库的麻烦，可以在短时间内获得全长信息。

目前 RACE 技术有商业化的试剂盒可以选用。使用最广泛的是 CLONTECH 公司的 SMART TM RACE 试剂盒。使用此方法还需要注意：必须知道该基因上至少 23～28 个核苷酸序列信息，以此来设计 5′末端和 3′末端 RACE 反应的基因特异性引物（GSPs）。为了引物的可用性，实际上得到一段该基因的片段还是非常必要的。这个片段可以不用很长，能够设计出合适的 GSP 引物就足够了。引物设计时还要注意：GC 碱基的数量应该达到 50％～70％；引物的 Tm 值要大于 65 度，而 Tm 值≥70 度可以获得更好的实验结果。

当 3′-、5′-两端扩增都顺利完成后，还需要利用序列分析软件，将两端序列拼接起来，去掉重叠序列。拼接以后的序列就是基因全长序列了。

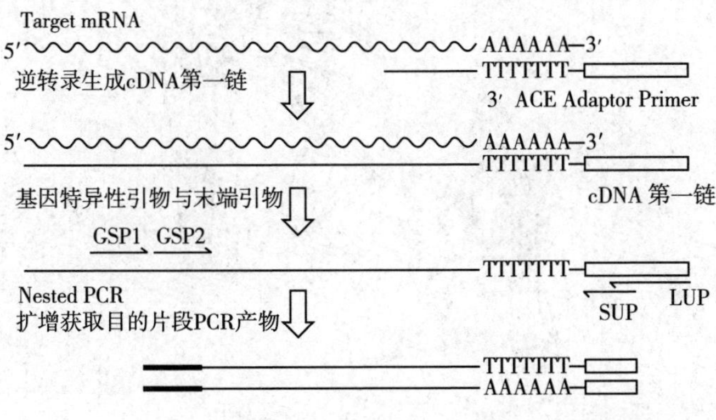

图 5-11　3′RACE 原理示意图

（四）组学技术在发掘苜蓿基因资源中的应用

90. 什么是测序？

自从人类了解到 DNA 就是遗传物质的基本单位，一代又一代的生物学家开始为获取这些生命密码、解读生命的奥秘而努力。沃森和克里克对 DNA 结构的解读，让我们了解到，DNA 是 A、T、C、G 四种碱基经两两配对形成的长链，这些碱基的排列信息用字母来表示，因此是可以读出来的。可以想象，生命的密码就是一组能够被记录、被数据化的碱基序列。而 DNA 测序，就是破解这些生命密码，获得密码信息的技术。

图 5-12　DNA 双螺旋结构

91. 测序技术是如何发展的?

1975 年，英国生化学家 Frederick Sanger 发明了末端终止法 DNA 测序技术，从此打开了我们解读生命天书的大门。1986 年，加州理工学院 Leory Hood 发明了以四种荧光物质标记测序反应产物的“四色荧光法”，随后世界上第一台自动测序仪诞生。第一代测序技术实现了测序的自动化，为人类基因组计划做出了重要的贡献。但是其测序效率相对较低，需要大量的人力去做前期的准备工作，时间长，成本高。

二代测序又称为高通量测序。该方法是先将基因组或 cDNA 进行片段化，然后在 DNA/cDNA 片段的两端连上接头，形成 DNA /cDNA 文库；随后用不同的方法产生几百万个空间固定的 PCR 克隆阵列。每个克隆由单个文库片段的多个拷贝组成。然后进行引物杂交和酶延伸反应。每个延伸反应所掺入的荧光标记的成像检测能同时进行，通过对荧光信号的检测，获得测序数据。DNA 序列延伸和成像检测不断重复，最后经过计算机分析就可以获得完整的 DNA 序列信息。

此后，测序技术在几十年的发展历程中不断汲取其他领域的新技术，并发展到如今的以单分子实时测序和纳米孔为标志的三代测序技术，成为现代生物学研究中的强有力的工具。

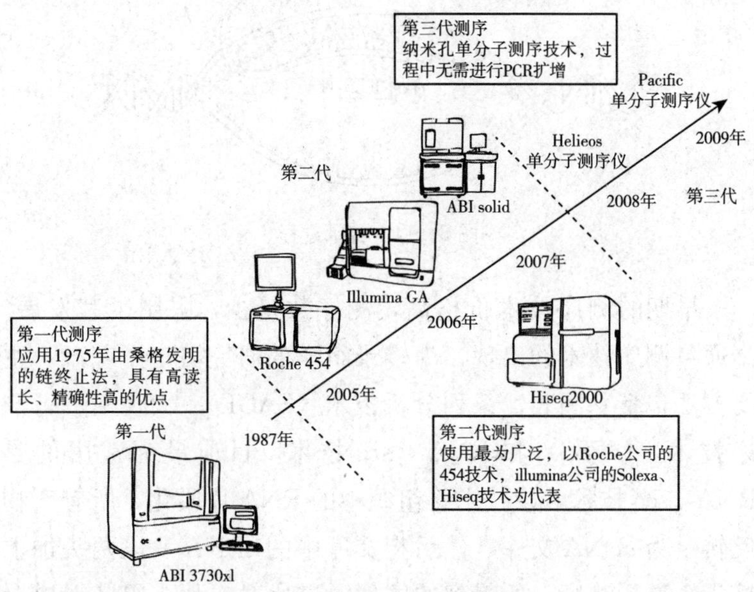

图 5－13　测序技术的发展

92. 什么是转录组?

按照中心法则，DNA 序列需要通过转录形成 RNA，然后再翻译成蛋白质。其中，编码特定蛋白质序列的为信使 RNA (mRNA)。植物的各种生物性状主要是由结构或者功能蛋白决定的，而这些蛋白质主要是由 mRNA 翻译产生的。转录组是指特定组织或者细胞在某一状态下转录出来的所有 RNA 的总和，包括 mRNA 和非编码 RNA。狭义的转录组学通常仅以 mRNA 为研究对象。可以看出，转录组学具有时间和空间上的限定，能够反映所有基因转录和转录调控规律，能够直接对基因的转录表达产物的功能进行研究。

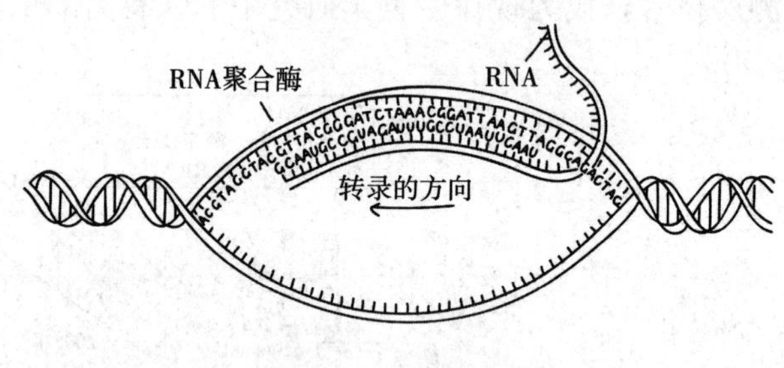

图 5－14　转录过程

早期的测序技术价格高，测序数量少，限制了其发展。高通量测序技术的出现，为转录组学的研究奠定了基础。主要方法包括基因表达系列分析技术（SAGE）、大规模平行测序技术（MPSS）和 RNA－seq 技术。目前最为常用的是 RNA－seq 技术，该技术将组织中的 RNA 片段化，所有产物反转录为 cDNA 文库，然后将文库中的 cDNA 片段两头加上接头，进行测序，所得到的序列通过比对或从头组装形成全基因组范围的转录谱，同时利用统计相关 reads 数计算出不同 mRNA 的表达量，从而开发新的 mRNA，也就是新的基因。

93. 如何用转录组技术发掘苜蓿基因?

转录组测序的实验流程主要包括样品制备、样品检测、文库构建、质量控制、上机测序。

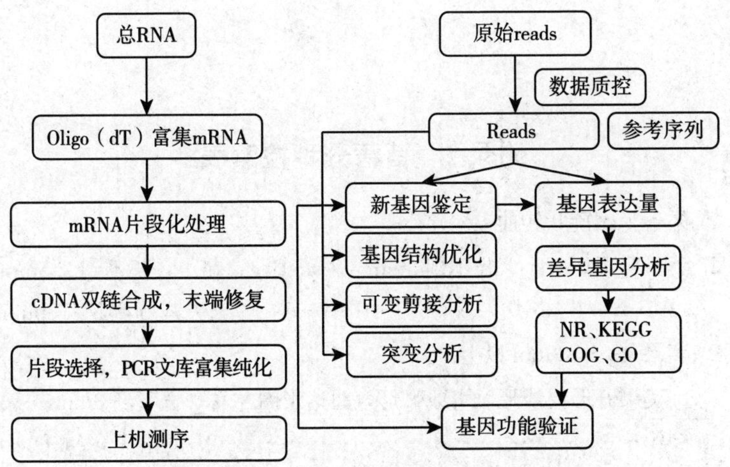

图 5-15　转录组挖掘基因流程

附　　录

附录1　苜蓿分种检索表

1. 荚果不为螺旋状转曲；多年生草本。

　2. 荚果肾形，甚小，长不到3mm。种子1粒；花小，长不到2.5mm ………………………………………………… 1. 天蓝苜蓿 M. 1upulina

　2. 荚果大，长8mm以上。

　　3. 荚果镰形或线形，直或弧形弯曲达半圈左右，宽不到3mm …… ……………………………………………………… 2. 黄花苜蓿 M. falcata

　　3. 荚果长圆形至半月形，宽4mm以上

　　　4. 叶片矩圆状披针形、披针形或条状楔形，在中部以下常为倒卵状楔形或倒卵形，宽2～5（7）mm ……………………… ……………………………………… 3. 扁蓿豆 M. ruthenica

　　　4. 叶片矩圆状条形至条形，宽0.5～2mm …………………… ……………… 4. 细叶扁蓿豆 M. ruthenica var. oblongifolia

1. 荚果呈螺旋状转曲；一、二年生或多年生草本或灌木。

　5. 多年生。

　　6. 灌木 ……………………………………… 5. 木本苜蓿 M. arborea L.

　　6. 草本。

　　　7. 荚果旋转2～4（－6）圈，中央无孔或近无孔；花冠紫色或各色 ……………………………………… 6. 紫花苜蓿 M. sativa

　　　7. 荚果旋转1～1.5圈，中央有孔；花冠黄白色或各色。

　　　　8. 荚果旋转1～1.5圈，　…………… 7. 杂交苜蓿 M. Martyn.

　　　　8. 荚果马蹄形或至卷曲1圈的环形，直径约4mm；花梗长，长2～5mm；花白色，　淡黄色，稀黄色；小叶矩圆状倒卵形、楔形或稀倒披针形。生于荒漠 ………………………………
……………………………… 8. 阿拉善苜蓿 M. alaschanica

1. 一、二年生。

8. 叶片无毛或近无毛；荚果皿形，直径 4～10mm。

9. 叶柄比总花梗长 2～5 倍，小叶有褐色斑，托叶三角形，齿裂至浅撕裂状

9. 褐斑苜蓿 M. arabica（L.）Huds.

9. 叶柄长不超过总花梗的 2 倍，小叶无斑纹，托叶撕裂或条状缺刻
………………………………… 10. 南苜蓿 M. polymorpha L.

8. 叶片明显被毛；荚果球形，径小于 4.5mm。

10. 总花梗比叶柄短，具花 1～2 朵；小叶疏被毛，托叶小，深裂
……………………………… 11. 早花苜蓿 M. praecox DC. Cat.

10. 总花梗通常比叶柄长，具花 2～10 朵；小叶密被毛，托叶全缘或具不明显锯齿 ……… 12. 小苜蓿 M. minima（L.）Grufb.

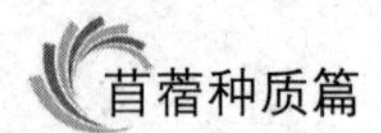

附录 2　苜蓿种质资源考察收集数据采集表

<table>
<tr><td>采集编号</td><td colspan="2"></td><td colspan="2">采集日期</td><td></td></tr>
<tr><td>采集单位</td><td colspan="2"></td><td colspan="2">采集人</td><td></td></tr>
<tr><td>种质名称</td><td colspan="2"></td><td colspan="2">种名</td><td></td></tr>
<tr><td>种质类型</td><td colspan="5">1：野生资源　2：地方品种　3：选育品种　4：品系
5：遗传材料　6：其他</td></tr>
<tr><td>标本编号</td><td colspan="2"></td><td colspan="2">照片编号</td><td></td></tr>
<tr><td>收集地点</td><td colspan="5"></td></tr>
<tr><td>小生境</td><td colspan="5"></td></tr>
<tr><td>经度</td><td></td><td>纬度</td><td></td><td>海拔</td><td></td></tr>
<tr><td>土壤类型</td><td colspan="2"></td><td colspan="2">生态类型</td><td></td></tr>
<tr><td>植被类型</td><td colspan="2"></td><td colspan="2">气候带</td><td></td></tr>
<tr><td>种质分布状况</td><td colspan="5">1：群生　2：散生　3：伴生　4：常见　5：偶见　6：稀缺</td></tr>
<tr><td>群落主要植物成分</td><td colspan="5"></td></tr>
<tr><td>植株描述</td><td colspan="5"></td></tr>
<tr><td>根描述</td><td colspan="5"></td></tr>
<tr><td>茎枝描述</td><td colspan="5"></td></tr>
<tr><td>叶描述</td><td colspan="5"></td></tr>
<tr><td>花描述</td><td colspan="5"></td></tr>
<tr><td>果描述</td><td colspan="5"></td></tr>
<tr><td>种子描述</td><td colspan="5"></td></tr>
<tr><td>病虫等描述</td><td colspan="5"></td></tr>
<tr><td>选育单位</td><td colspan="2"></td><td colspan="2">选育方法</td><td></td></tr>
<tr><td>育成年份</td><td colspan="2"></td><td colspan="2">亲本组合</td><td></td></tr>
<tr><td>特异或变异性状附记</td><td colspan="5"></td></tr>
</table>

填写说明：

1. 在考察收集苜蓿种质资源时，不可能掌握或了解太多的数据和信息，仅要求将已知的或采集过程中可以随即观察、测量到的数据或有关信息，尽可能多地填写出来。

2. 表内已有代码的描述符，在相应的代码上打“√”即可。

附录 3　苜蓿种质资源征集数据采集表

征集号		种质名称	
种质类型	1：野生资源　2：地方品种　3：选育品种　4：品系 5：遗传材料　6：其他		
种名			
种质来源	1：本省 2：外省　3：国外		
种质原产地			
收集种子数量	粒	收集种子重量	g
收集地点			
收集地经度		收集地纬度	
收集地海拔	m		
收集地年均气温	℃	收集地年均降水量	mm
收集地年均日照	h	采集单位	
采集者		收集日期	
选育单位			
选育方法		育成年份	
亲本组合		推广面积	hm^2
生长习性			
生活型			
主要生育期			
形态特征			
农艺性状			
抗逆性			
抗病虫性			
品质特性			
适口性	1：嗜食　2：喜食　3：乐食		
备注			

填写说明：

1. 要求将已知的或采集过程中可随即观察、测量到的数据和有关信息，尽可能多地填写出来。

2. 表内已有代码的描述符，在相应的代码上打“√”即可。

附录 4 苜蓿种质资源引种数据采集表

引种号		种质名称	
种质类型	1：野生资源 2：地方品种 3：选育品种 4：品系 5：遗传材料 6：其他		
种名			
种质来源国		种质原产国	
种质原产地			
种质资源引入途径		引种单位	
引种者			
种子数量	粒	种子重量	g
选育单位			
选育方法		育成年份	
亲本组合		推广面积	hm^2
生长习性			
生活型			
主要生育期			
形态特征			
农艺性状			
抗逆性			
抗病虫性			
品质特性			
适口性	1：嗜食 2：喜食 3：乐食 4：采食 5：少食		
备注			

填写说明：

1. 根据引进牧草种质样本和有关信息或已了解的信息，尽可能多地填写出来。
2. 种质类型中，在相应的类型上打“√”即可。

附录5　苜蓿种质繁殖更新数据整理采集表

名称			繁殖地点			繁殖年份		性状特征					
全国统一编号	保存单位编号	种质名称	种质类型	原产地	出苗日期	开花日期	成熟日期	花色	荚果型	粒型	粒色	备注	

附录6 苜蓿干草质量分级

理化指标	等级				
	特级	优级	一级	二级	三级
粗蛋白质，（%）	≥22.0	≥20.0 <22.0	≥18.0 <20.0	≥16.0 <18.0	<16.0
中性洗涤纤维，（%）	<34.0	≥34.0 <36.0	≥36.0 <40.0	≥40.0 <44.0	≥44.0
酸性洗涤纤维，（%）	<27.0	≥27.0 <29.0	≥29.0 <32.0	≥32.0 <35.0	≥35.0
相对饲用价值	≥185.0	≥170.0 <185.0	≥150.0 <170.0	≥130.0 <150.0	<130.0
杂类草含量，（%）	<3.0	<3.0	≥3.0 <5.0	≥5.0 <8.0	≥8.0 <12.0
粗灰分，（%）	≤12.5				
水分，（%）	≤14.0				

注：RFV＝DMI（%BW）×DDM（%DM）/1.29。

其中，干物质采食量DMI（%BW）＝120/NDF（%DM）；

干物质消化率DDM（%DM）＝88.9－0.779ADF（%DM）；

粗蛋白质、中性洗涤纤维、酸性洗涤纤维含量均为干物质基础。

附录7　苜蓿青贮饲料质量分级

指标	等级			
	一级	二级	三级	四级
pH	≤4.4	>4.4 ≤4.6	>4.6 ≤4.8	>4.8 ≤5.2
氨态氮/总氮，(%)	≤10	>10 ≤20	>20 ≤25	>25 ≤30
乙酸，(%)	≤20	>20 ≤30	>30 ≤40	>40 ≤50
丁酸，(%)	0	≤5	>5 ≤10	>10
粗蛋白，(%)	≥20	<20 ≥18	<18 ≥16	<16 ≥15
中性洗涤纤维，(%)	≤36	>36 ≤40	>40 ≤44	>44 ≤45
酸性洗涤纤维，(%)	≤30	>30 ≤33	>33 ≤36	>36 ≤37
粗灰分，(%)	<12			

注：乙酸、丁酸以占总酸的质量比表示；粗蛋白、中性洗涤纤维、酸性洗涤纤维、粗灰分以占干物质的量表示。

附录8　苜蓿半干青贮饲料质量分级

指标	等级			
	一级	二级	三级	四级
pH	≤4.8	>4.8 ≤5.1	>5.1 ≤5.4	>5.4 ≤5.7
氨态氮/总氮，(%)	≤10	>10 ≤20	>20 ≤25	>25 ≤30
乙酸，(%)	≤20	>20 ≤30	>30 ≤40	>40 ≤50
丁酸，(%)	0	≤5	>5 ≤ 10	> 10
粗蛋白，(%)	≥20	<20 ≥18	<18 ≥16	<16 ≥15
中性洗涤纤维，(%)	≤36	>36 ≤40	>40 ≤44	>44 ≤45
酸性洗涤纤维，(%)	≤30	>30 ≤33	>33 ≤36	>36 ≤37
粗灰分，(%)	<12			

注：乙酸、丁酸以占总酸的质量比表示；粗蛋白、中性洗涤纤维、酸性洗涤纤维、粗灰分以占干物质的量表示。

附录9　越冬后植株评分标准

级别	植株长势	赋分
无损伤	植株整齐均匀一致，新生枝长度均等	1
轻微损伤	植株均匀，但新生枝稍不均匀	2
重大损伤	新生枝长度不同，缺少活力	3
严重损伤	植株枝条稀疏，再生不整齐，活力低	4
植株死亡	植株死亡	5

附录10　越冬性分级标准

越冬性等级	越冬长势平均得分
1	1.9
2	2.5
3	3.3
4	3.8
5	4.5
6	5.1

注：1级≤1.9；2级2.0～2.5；3级2.6～3.3；4级3.4～3.8；5级3.9～4.5；6级≥4.6。

附录 11　抗旱性分级标准

抗旱性等级	品种抗旱表现
1 强	干旱期间无旱害表现
2 较强	植株上个别叶片发生轻度的萎蔫
3 中等	大部分植株叶片呈现萎蔫状态，但并未停止生长
4 弱	大部分植株呈现萎蔫状态，停止生长，并有少量植株死亡
5 最弱	全部植株萎蔫，小区内 30% 的植株死亡

附录 12　田间评价抗病性分级标准

抗病性等级	田间表现
免疫	发病率=0
高抗	0<发病率≤25%
中抗	25%<发病率≤50%
中感	50%<发病率≤75%
高感	发病率>75%

附录 13　病原菌人工接种法

接种法	适用范围	技术要点
孢子悬浮液喷雾接种法	适用于锈病、茎点霉叶斑病、匍柄霉叶斑病、炭疽病等	配置浓度为 1×10^6 个孢子/mL 的分生孢子悬浮液，在 2h 内用喉头喷雾器将其均匀喷洒在待接种苜蓿叶片上，每盆喷洒 10mL，以喷洒无菌水作为对照，覆盖黑色塑料薄膜以确保 100%相对空气湿度，25℃黑暗保湿 24h，之后移去塑料薄膜，25℃温室内正常管理，15d 后对叶片进行病情调查
米粒体接种法	适用于镰刀菌根腐病	接种菌株于 PDA 培养基上 25℃恒温培养 7d 后，在无菌条件下用手术刀轻轻刮下菌丝和分生孢子，置于装有灭菌水的三角瓶内，充分震荡，制成浓度为 1×10^5 个孢子/mL 的悬浮液备用。称取 50g 大米，置于培养皿中，加 150mL 水，高压灭菌（121℃，30min）后冷却至室温，加入孢子悬浮液 20mL，与米粒混合均匀，25℃培养 4d。每盆待接种幼苗需取用 1/6 培养皿的米粒接种体，将米粒均匀分布于土壤表面，然后用无菌土覆盖，以无菌水制成的米粒接种体为对照。接种后于 25℃温室正常管理，15d 后对根部进行病情调查
病叶覆盖接种法	适用于褐斑病	将室内分离纯化扩繁后的苜蓿假盘菌接种于保定苜蓿上，隔离小区内活体保存备用。取发病严重的病叶，病斑向上均匀铺于垫有滤纸的白瓷盘上，喷水，覆盖保鲜膜，4℃保湿 24h 后，将白瓷盘倒扣在金属架上（高度 40cm），架子下放置待接种幼苗，白瓷盘上不铺病叶的作为对照。喷水，覆盖塑料布，温度 25℃，湿度 100%，72h 后移去塑料布、金属架和白瓷盘，对幼苗进行正常管理，20d 后对叶片进行病情调查

附录 14　叶部病害抗性评分标准

抗病性等级	田间表现
0 级	无病斑
1 级	病斑占叶面积的 1%～10%
2 级	病斑占叶面积 11%～30%
3 级	病斑占叶面积 31%～50%
4 级	病斑占叶面积 51%～70%
5 级	病斑占叶面积 71%以上

附录 15　根部病害抗性评分标准

抗病性等级	田间表现
0 级	健康无病
1 级	根茎出现黑色斑点
2 级	根茎被黑色病斑包围
3 级	根茎有缢缩现象，出现枯叶
4 级	根茎严重缢缩，茎叶干枯
5 级	根茎腐烂，整株枯死

附录 16　人工接种法抗病性分级标准

抗病性级别	病情指数（DI）
免疫（I）	DI=0
高抗（HR）	0<DI≤10
中抗（MR）	10<DI≤25
中感（MS）	25<DI≤50
高感（HS）	DI>50

附录 17　抗虫性分级标准

抗虫性等级	田间表现
高抗	受害率在 30%以下
中抗	受害率在 30%～49%
低感	受害率在 50%～74%
中感	受害率在 75%～90%
高感	受害率在 90%以上

附录 18　马铃薯叶蝉抗性分级标准

类别	品种	预期的抗性比例（%）	可接受的抗性比例范围（%）
抗性品种	Evergreen	30	20～40
敏感品种	5454	0	0～1

附录 19 叶象幼虫抗性分级标准

类别	品种	落叶比例（%）	剩余叶组织的比例（%）	与抗性品种的相对等级
抗性品种	Arc	35	65	100
敏感品种	Ranger	70	30	46
	Saranac	52	48	74

注：Arc 分值设定为 100。等级分值是将剩余叶组织换算为 Arc 的比例。

附录 20 豆无网长管蚜抗性分级标准

类别	品种	预期的抗性比例（%）	可接受的抗性比例范围（%）
抗性品种	CUF-101	55	40～65
	PA-1	55	40～65
	Kanza	45	35～55
	Baker	45	35～55
敏感品种	Caliverde	5	0～10
	Moapa 69	5	0～10
	Vernal	5	0～10
	Ranger	5	0～10

注：抗性植株的数值是得分 1 分至 3 分的总和。

附录21　苜蓿蚜抗性分级标准

类别	品种	预期的抗性比例（%）	可接受的抗性比例范围（%）
抗性品种	CW300441	55	40～65
	CUF101	25	15～35
敏感品种	Ranger	1	0～5

注：抗性标准的数值是1级至2级的总和。

附录22　蓝苜蓿蚜抗性分级标准

类别	品种	预期的抗性比例（%）	可接受的抗性比例范围（%）
抗性品种	CUF-101	55	40～65
	OK51（OK State）	40	30～60
敏感品种	PA-1	10	5～15
	Arc	2	0～5
	Caliverde	3	0～5

注：抗性标准的数值是1级至3级的总和。

附录 23　苜蓿斑蚜抗性分级标准

类别	品种	预期的抗性比例（%）	可接受的抗性比例范围（%）
抗性品种	CUF－101	60	45～75
	Baker	50	35～65
	Mesa－Sirsa	50	40～60
	Kanza	35	30～45
敏感品种	Caliverde	3	0～5
	Arc	3	0～5
	OK08	3	0～5
	Ranger	3	0～5

注：抗性标准的数值是 1 级至 2 级的总和。

附录 24　根瘤象抗性分级标准

敏感品种	预期的抗性比例（%）	
Saranac AR	6～100	根部损伤
WL316	6～100	根部损伤

注：没有抗性对照植物。

参考文献

安欢乐．2016．甘肃省紫花苜蓿根腐病的病原研究［D］．兰州：兰州大学．

北方草场资源调查办公室．1986．草场资源调查技术规程［M］．北京：中国农业科技出版社．

陈山，蒋尤泉．1982．牧草资源调查方法［M］//作物品种资源研究所．作物品种资源研究方法［G］．北京：农业出版社．

陈彦卓，宋永昌．1959．野生资源植物调查手册［M］．上海：上海科学技术出版社．

高战武．紫花苜蓿对复合盐碱胁迫的适应性响应［D］．长春：东北师范大学，2006．

国家牧草产业技术体系．2014．牧草标准化生产管理技术规范［M］．北京：科学出版社．

贺春贵．2004．苜蓿病虫草鼠害防治［M］．北京：中国农业出版社．

洪绂曾．苜蓿科学［M］．北京：中国农业出版社，2009：277－280．

蒋尤泉，徐柱．2004．中国牧草遗传资源［M］//徐柱．中国牧草手册［C］．北京：化学工业出版社．

蒋尤泉．2007．中国作物及其野生近缘植物（饲用及绿肥作物卷）［M］．北京：中国农业出版社．

李晓芳．2009．草种质资源抗性评价鉴定报告［M］．北京：中国农业出版社．

李孝凡，王成，宋鹏，等．2019．种子活力无损检测方法研究进展［J］．种子，38（6）：60－64．

李跃．2014．苜蓿抗锈病种质资源筛选研究［D］．北京：中国农业科学院：21－27．

李志勇，王宗礼，等．2005．牧草种质资源描述规范和数据标准［M］．北京：中国农业出版社．

马甲强．2016．苜蓿炭疽病病原学及防治研究［D］．兰州：甘肃农业大学．

南志标．1991．豆科牧草根腐病［J］．国外畜牧学—草原与牧草（2）：5－11．

任继周．2008．草业大辞典［M］．北京：中国农业出版社．

王苗．2015．接种根瘤菌对紫花苜蓿抗寒性的影响［D］．杨凌：西北农林科技大学，17（4）：225－231．

杨秀娟．2006．紫花苜蓿抗寒性评价及其对秋冬季节低温适应性［D］．北京：北京林业大学．

云锦凤．2004．牧草及饲料作物育种学［M］．北京：中国农业出版社．

张蓉．2014．宁夏草原昆虫原色图鉴．北京：中国农业科学技术出版社．

赵福庚，何云龙，罗庆云．2004．植物逆境生理生态学［M］．北京：化学工业出版社：23．

赵来喜，卢新雄，等．2017．牧草种质资源收集技术描述规范和数据标准［M］．北京：中国农业科学技术出版社．

郑殿升，刘旭，卢新雄，等．2007．农作物种质资源收集技术规程［M］．北京：中国农业出版社．

中国科学院植物研究所资源组．1958．野生有用植物调查简明手册［M］．北京：科学普及出版社．